普通高等教育“十一五”国家级规划教材

职业技术教育类工程图学系列教材

吴机际 编著

园林制图习题集

第二版

华南理工大学出版社
SOUTH CHINA UNIVERSITY OF TECHNOLOGY PRESS
·广州·

图书在版编目（CIP）数据

园林制图习题集/吴机际编著．—2版．—广州：华南理工大学出版社，2015.2
（职业技术教育类工程图学系列教材）
ISBN 978-7-5623-4442-1

Ⅰ．①园…　Ⅱ．①吴…　Ⅲ．①园林设计-建筑制图-习题集
Ⅳ．①TU986.2-44

中国版本图书馆CIP数据核字（2014）第259062号

园林制图习题集
吴机际　编著

出 版 人：韩中伟
出版发行：华南理工大学出版社
（广州五山华南理工大学17号楼，邮编510640）
E-mail: scutc13@scut.edu.cn　http: //www.scutpress.com.cn
营销部电话：020-87113487　87111048（传真）
责任编辑：王魁葵
印 刷 者：广州市穗彩印务有限公司
开　　本：787mm×1092mm　1/16　印张：7.75　字数：188千
版　　次：2015年2月第2版　2015年2月第4次印刷
印　　数：6001~8000册
定　　价：17.00元

内 容 简 介

本书与吴机际编著的《园林制图》教材配套使用。

本书内容包括：制图基本知识和技能，正投影法与三面投影图，点、直线、平面，立体及表面交线，轴测投影，组合体，形体的表达方法，园林建筑图，园林工程图，透视投影和阴影等。

本书适合于高职、高专、中职、中专及职业中专、技校等有关专业作专业技术基础课程用书，也可提供有关工程人员作学习《园林制图》的配套用书。

前 言

本习题集与吴机际编著的《园林制图（第二版）》（华南理工大学出版社）一书配套使用，亦可供其他相近专业使用与参考。

习题集力求贯彻少而精、增强概念、解决问题、开发智力、培养能力的原则。内容结合教材章节顺序，由浅入深、由易到难、读画结合、循序渐进，有利教学；本习题集对组合体与形体的表达方法两部分习题给出了参考答案，有利于学生自学。

感谢全体参加习题集绘图的人员：吴洪毅、洪德梅、王艳霞、王羿翔、李晓志、郝彤琦、俞龙、张月明等同志。并借此机会向为本书付出辛勤劳动的编辑及有关出版人员表示感谢。

限于编者水平，不妥或疏漏之处恳请读者不吝指正。

编著者

2015 年 1 月

目　录

第一章　制图基本知识和技能 …… 1
1-1　字体练习 …… 1
1-2　图线线型练习 …… 4
1-3　几何作图 …… 5
1-4　徒手绘图 …… 6
第二章　正投影法与三面投影图 …… 7
2-1　根据立体图找投影图 …… 7
2-2　三面投影图的投影关系 …… 10
2-3　根据形体的立体图，补画所缺投影图 …… 12
2-4　根据形体的立体图，完成三面投影图 …… 13
第三章　点、直线、平面 …… 14
3-1　点的投影 …… 14
3-2　直线的投影 …… 17
3-3　平面的投影 …… 20
第四章　立体及表面交线 …… 27
4-1　基本形体 …… 27
4-2　截交线 …… 32
4-3　相贯线 …… 38
第五章　轴测投影 …… 42
5-1　根据已知形体的投影图，画出其正等轴测图 …… 42
5-2　根据形体的两面投影图，画出其正面斜二轴测图 …… 46
5-3　画出休息地水平斜等轴测图 …… 47
5-4　相贯线的轴测投影绘图 …… 48
5-5　轴测剖面图绘图 …… 48
5-6　徒手绘正等测图 …… 49
第六章　组合体 …… 50
6-1　根据形体的立体图，画出三面投影图 …… 50
6-2　根据形体的立体图完成三面投影图 …… 53
6-3　分析视图，并回答问题 …… 55
6-4　补绘形体三面投影图中所缺图线 …… 57
6-5　根据形体的两面投影图画第三投影 …… 59
6-6　画形体的第三投影图和轴测图 …… 65
第七章　形体的表达方法 …… 66
7-1　视图 …… 66
7-2　剖面图 …… 67
7-3　断面图 …… 70
第八章　园林建筑图 …… 71
8-1　建筑图基本知识 …… 71
8-2　建筑施工图 …… 73
8-3　亭的建筑施工图 …… 74
8-4　园林小品 …… 77
第九章　园林工程图 …… 81
第十章　透视投影 …… 86
10-1　一点透视 …… 86
10-2　两点透视 …… 91
10-3　鸟瞰透视 …… 96
第十一章　阴影 …… 97
11-1　正投影阴影 …… 97
11-2　透视阴影 …… 99
11-3　虚像 …… 102
综合作图 …… 103
部分习题参考答案 …… 107

班级：　　　　学号：　　　　姓名：

第一章　制图基本知识和技能

1-1　字体练习

图样中的汉字、数字、字母必须做到字体端正，笔画清楚，排列整齐，间隔均匀

班级：　　　　学号：　　　　姓名：

园林制图平立剖面 规划设计植物配置 种类规格胸径冠幅

针阔乔灌杨柳松柏梅菜杜

林木竹绿篱花坛草坪盆景

门窗坐椅桌凳架栏亭廊墙

钢筋混凝土水泥砂浆材料

梁板柱基础屋檐宝顶挂落

镶嵌铺装喷泉水景比例尺

班级:　　　　学号:　　　　姓名:

ABCDEFGHIJKLMNOPQRSTUVWXYZ

abcdefghijklmnopqrstuvwxyz

0123456789

0123456789

I II III IV V VI VII VIII IX X

班级：　　　　学号：　　　　姓名：

1–2　图线线型练习

用 A3 图幅，按 1:1 比例抄绘下列图形，并标注尺寸。（题（3）自选比例）

(1)

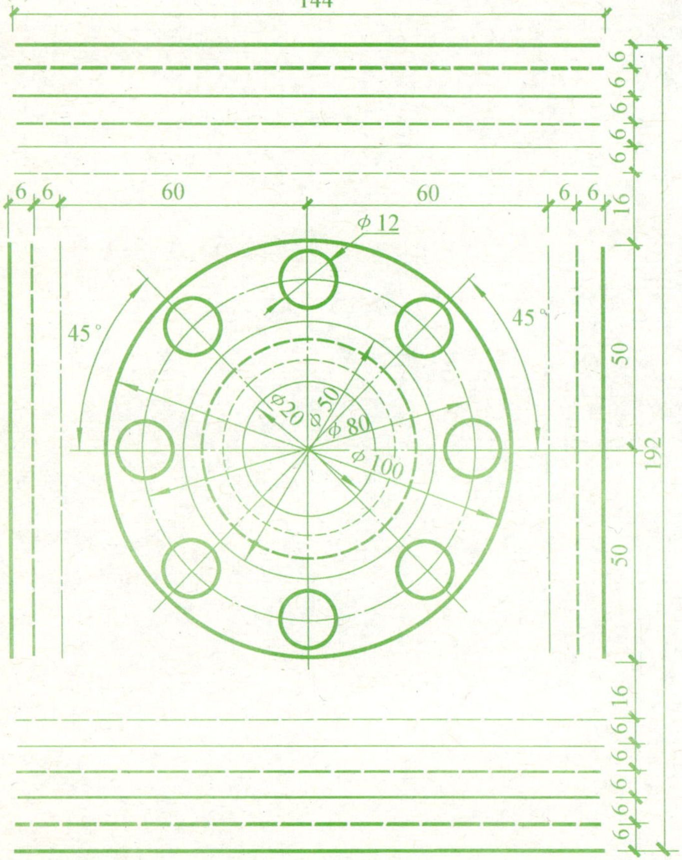

(2)

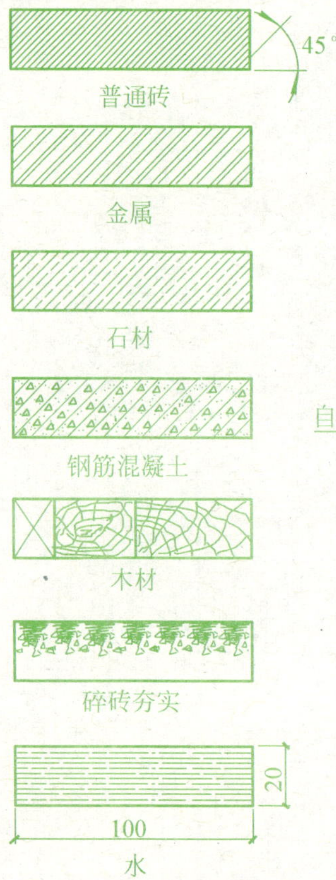

(3)

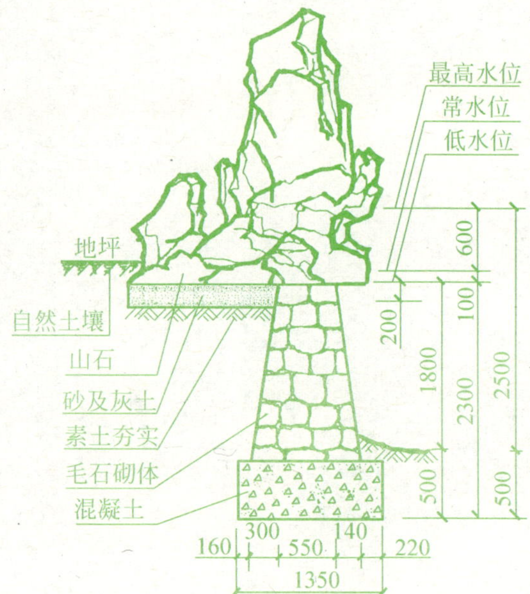

班级:　　　　学号:　　　　姓名:

1–3　几何作图

按 1:1 比例抄绘下列图形，并标注尺寸。

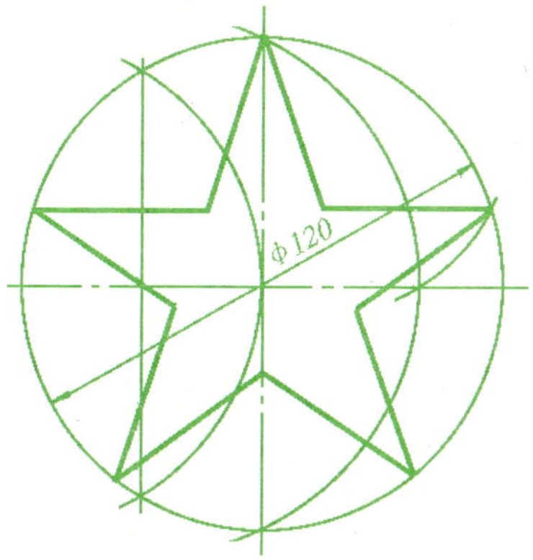

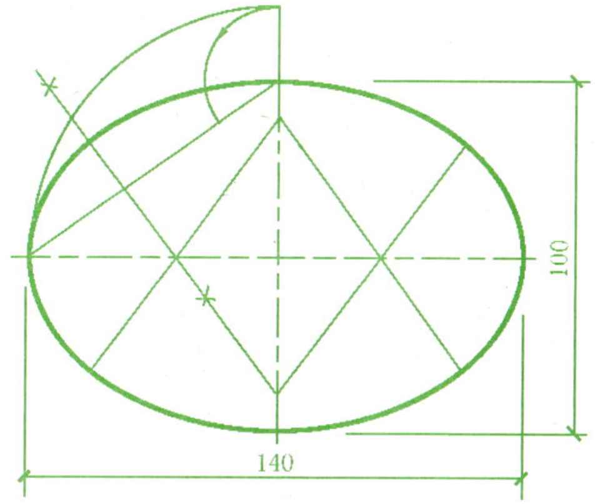

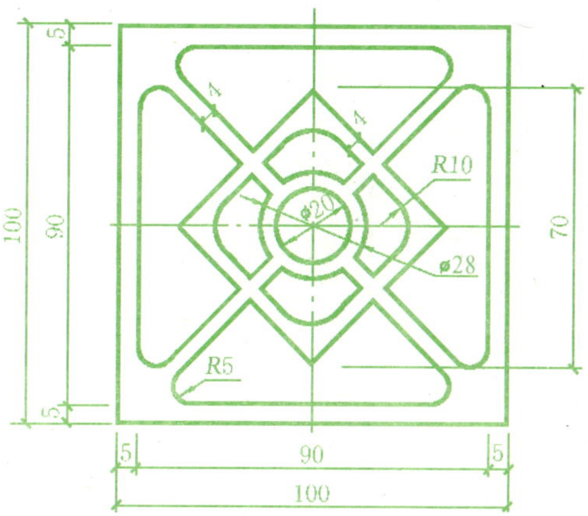

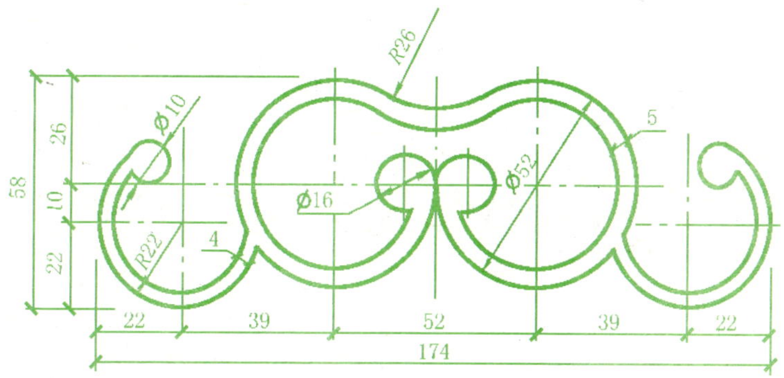

班级：　　学号：　　姓名：

1-4　徒手绘图

徒手临摹图示园林植物绘图的基本笔法。

第二章　正投影法与三面投影图

2-1　根据立体图找投影图

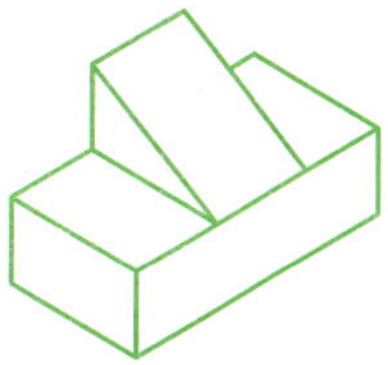

①

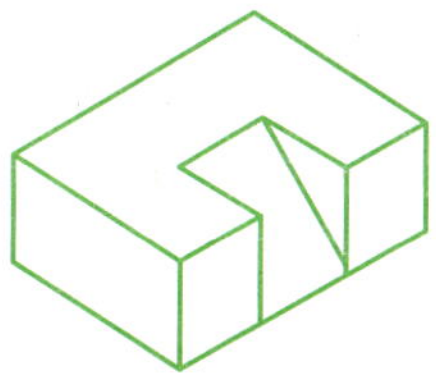

②

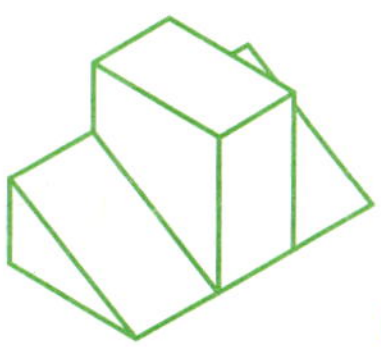

③

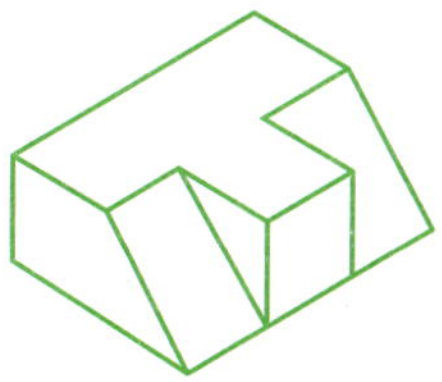

④

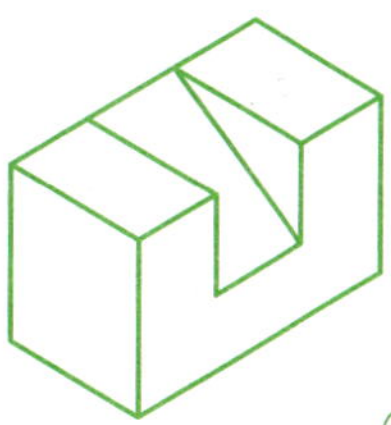

⑤

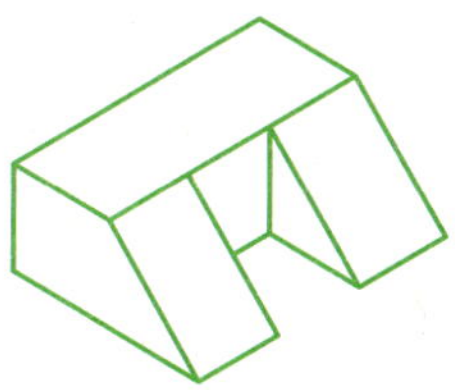

⑥

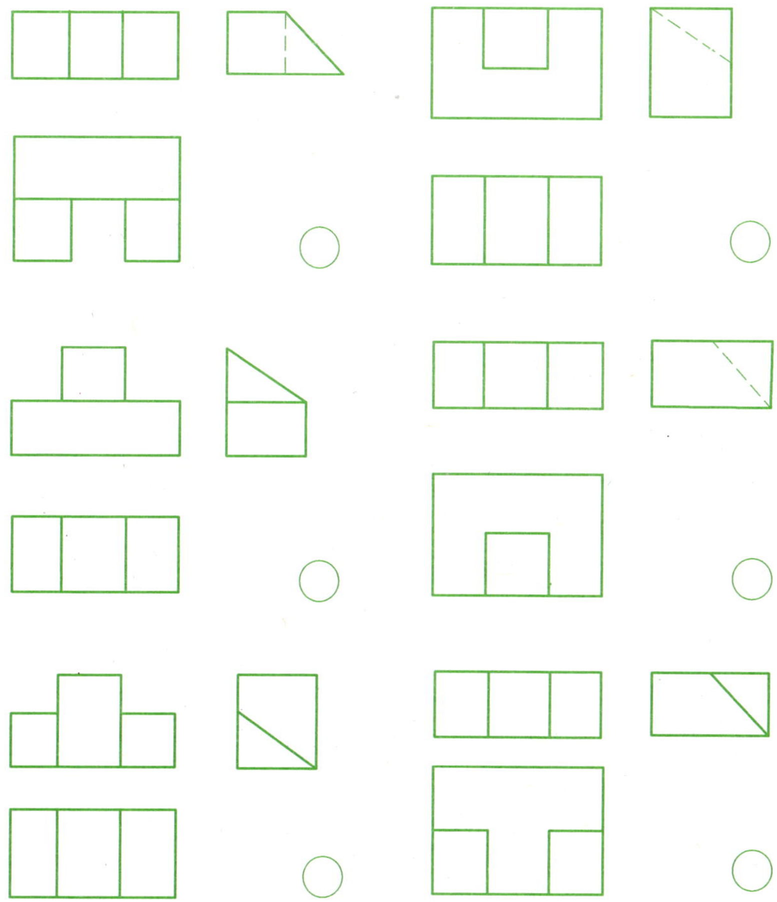

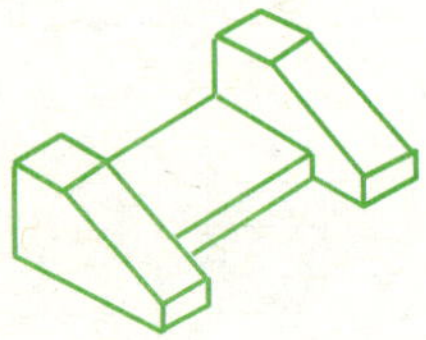

⑦

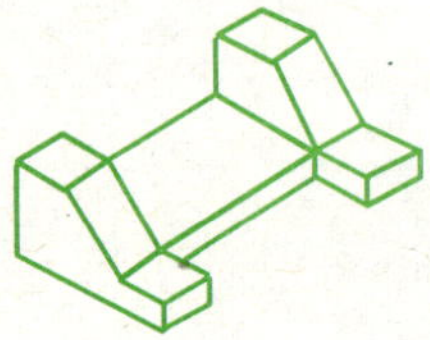

⑧

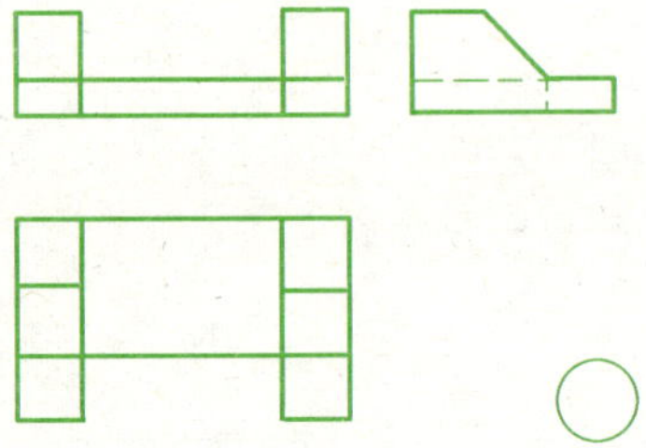

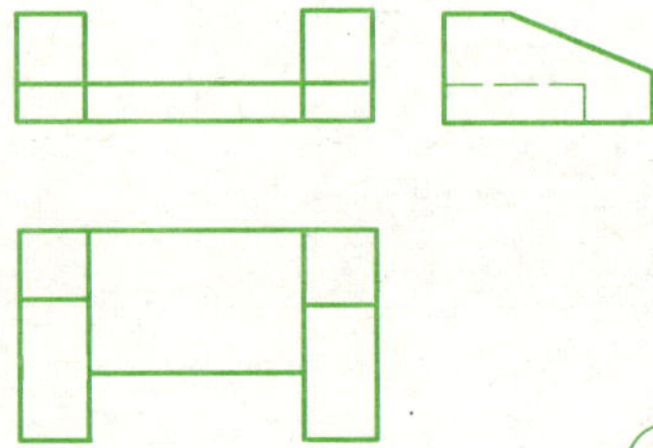

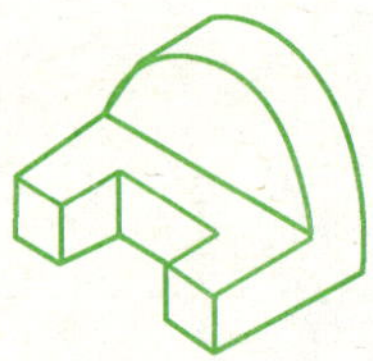

⑨

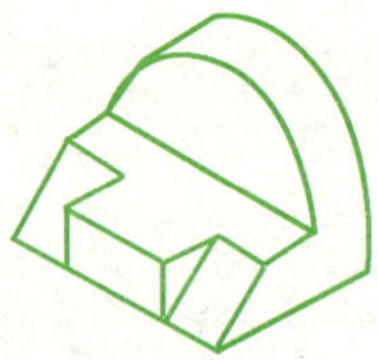

⑩

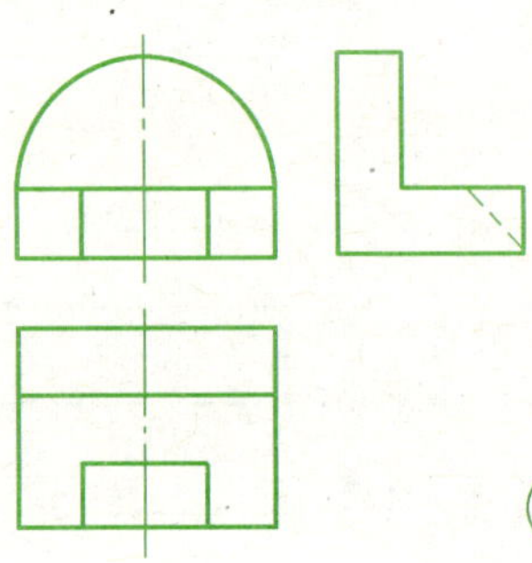

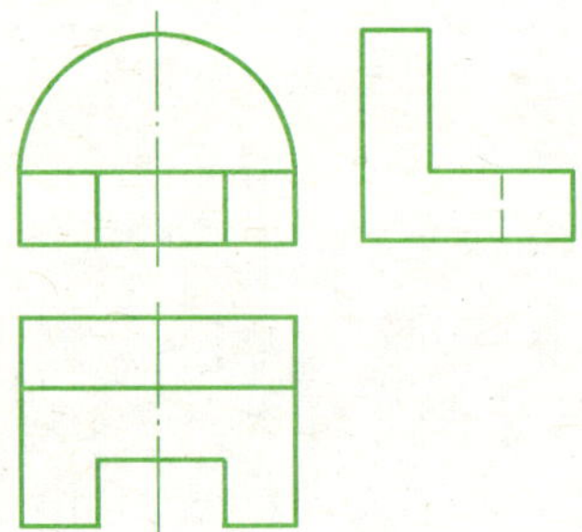

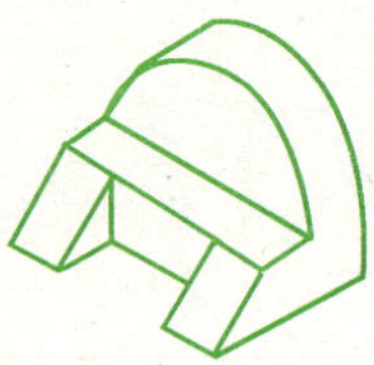

⑪

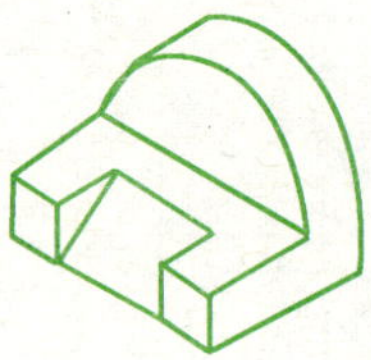

⑫

班级：　　　　　学号：　　　　　姓名：

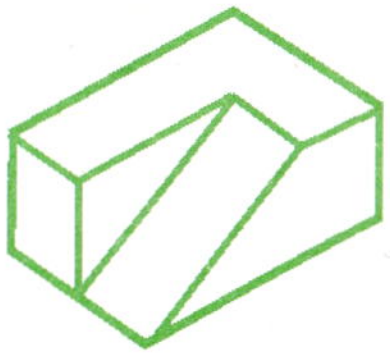

⑬

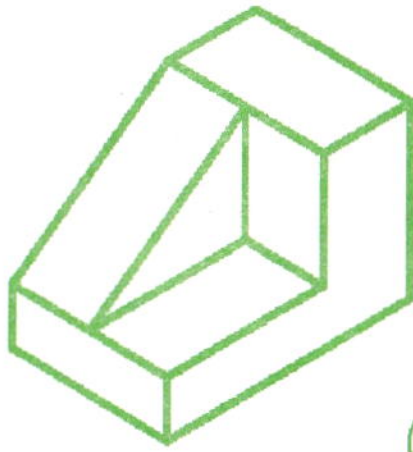

⑭

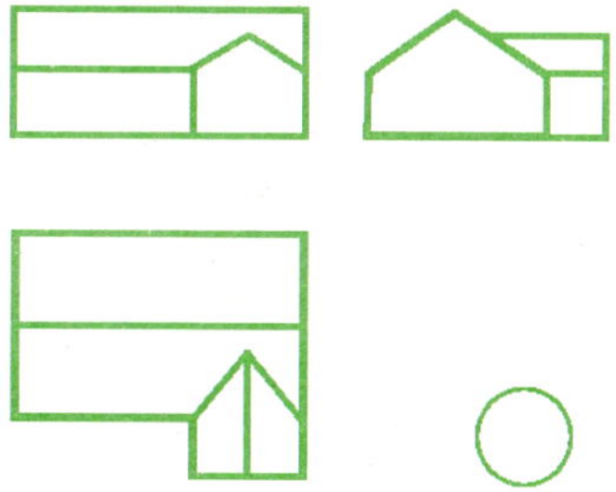

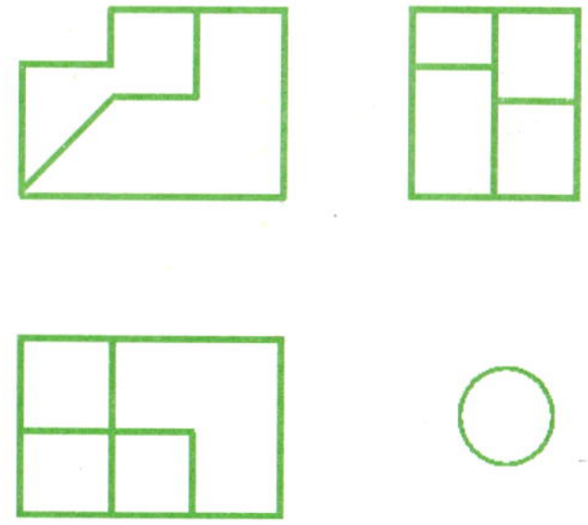

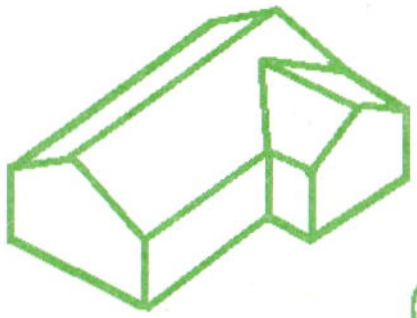

⑮

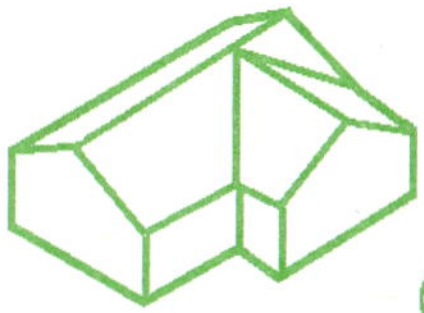

⑯

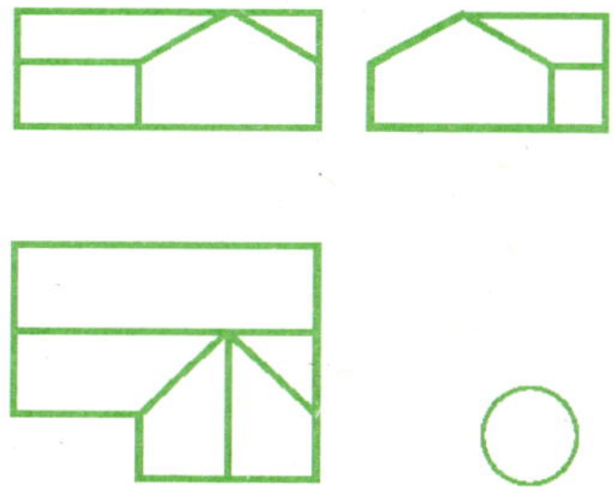

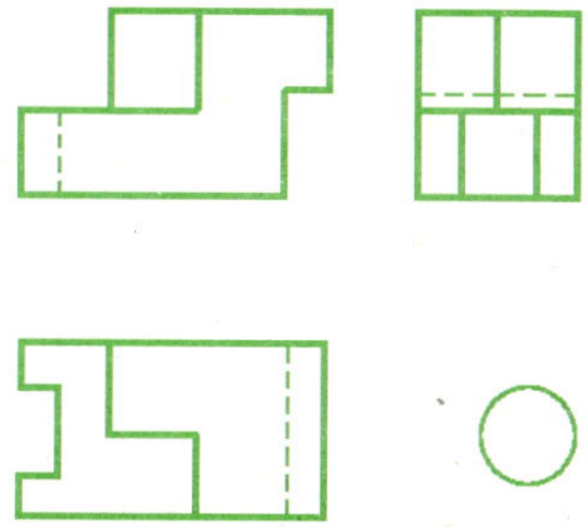

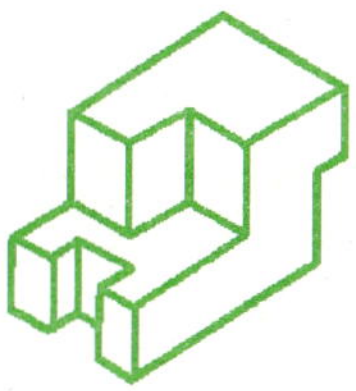

⑰

⑱

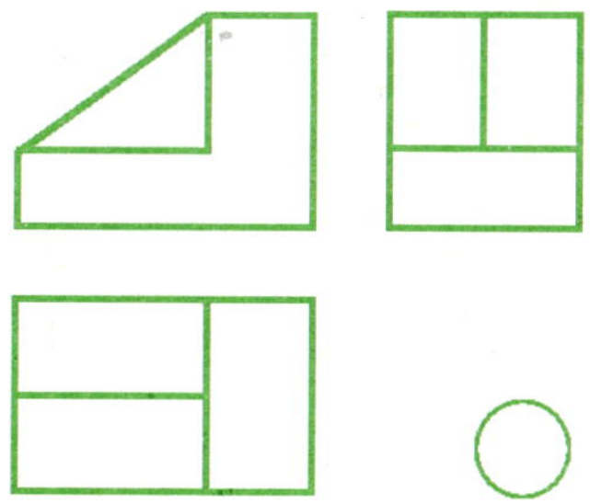

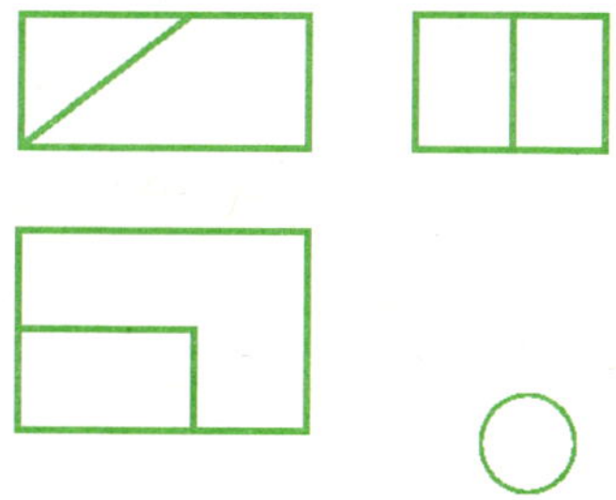

2-2　三面投影图的投影关系

1. 参考立体图，根据三面投影图的形成过程，在立体图上注写出三面投影图的投影方向（注在箭头处）。同时在三面投影图上的尺寸线处分别标注出“长”、“宽”、“高”，以说明尺寸的度量方向。并回答问题。

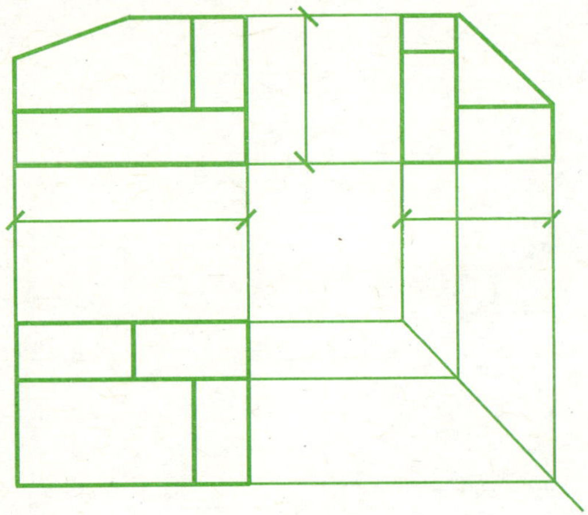

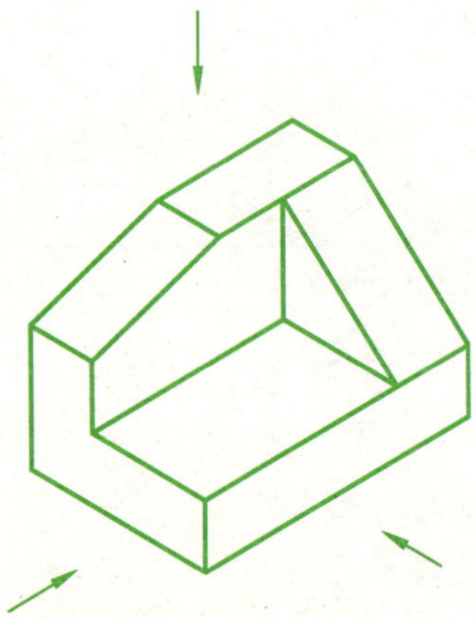

(1) 三面投影图的投影方向与投影图名称

① 由_____向_____投射所得的投影图，称为__________；

② 由_____向_____投射所得的投影图，称为__________；

③ 由_____向_____投射所得的投影图，称为__________。

(2) 三面投影图与尺寸关系

① 正面投影反映物体的______度和______度；

② 水平投影反映物体的______度和______度；

③ 侧面投影反映物体的______度和______度。

(3) 三面投影图的“三等”投影关系

① 正面投影与水平投影______；

② 正面投影与侧面投影______；

③ 水平投影与侧面投影______。

班级：　　　　学号：　　　　姓名：

2. 参考立体图，在三面投影图中填写物体的方位，并回答问题。

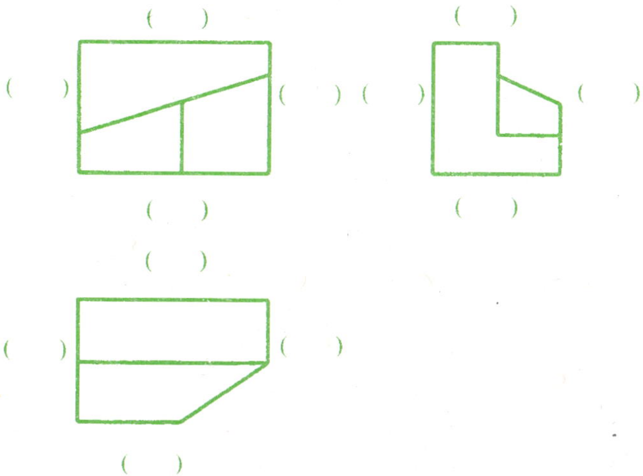

(1) 三面投影图与物体间的方位关系

① 正面投影反映物体的_____和_____；

② 水平投影反映物体的_____和_____；

③ 侧面投影反映物体的_____和_____。

(2) 从上述概括得：

水平投影与侧面投影中，远离正面投影的一边，表示物体的_____面；靠近正面投影的一边，表示物体的_____面。

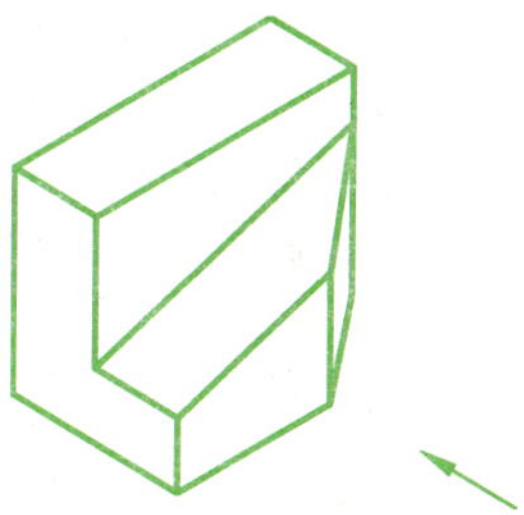

班级：　　　　学号：　　　　姓名：

2–3　根据形体的立体图，补画所缺的投影图

(1)

(2)

(3)

(4)

(5)

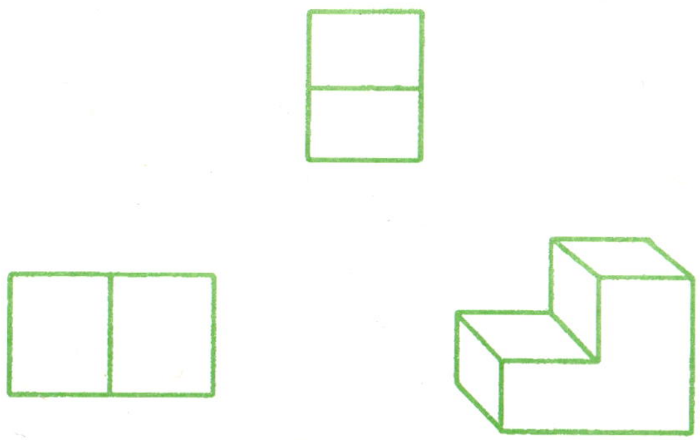

(6)

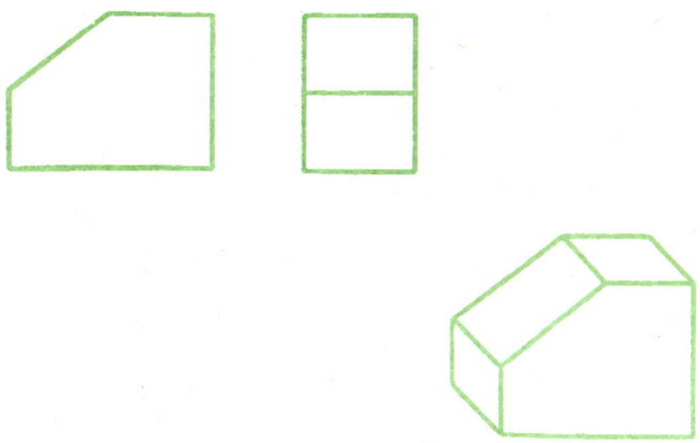

2–4　根据形体的立体图，完成三面投影图(尺寸按 1:1 量取并取整数)

(1)

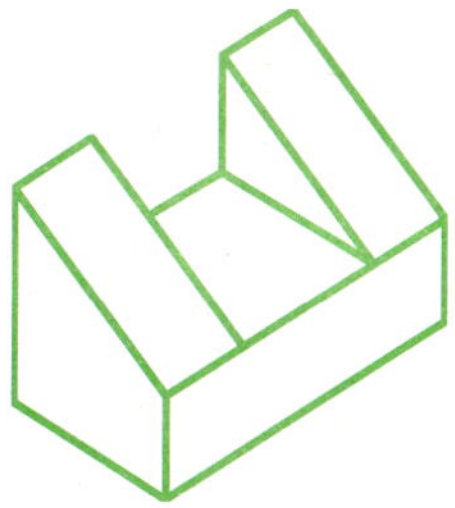

(2)

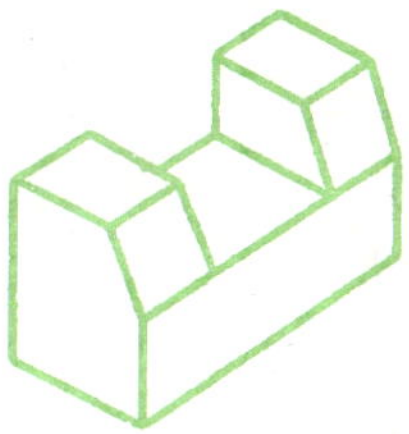

第三章　点、直线、平面

3-1　点的投影

1. 根据给出点的立体图，求作诸点的三面投影（尺寸从图中量取整数，单位：mm），并回答问题。

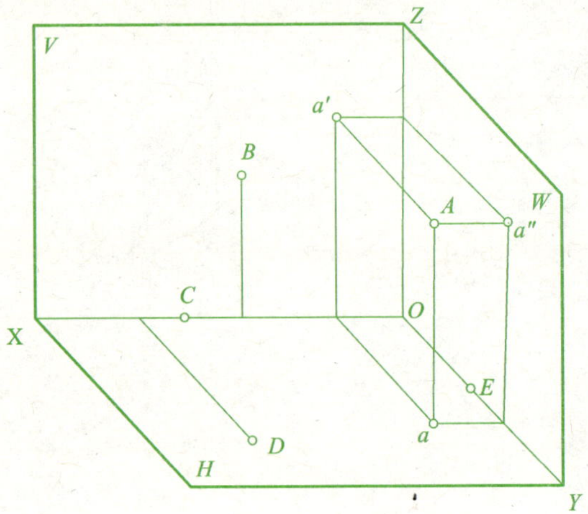

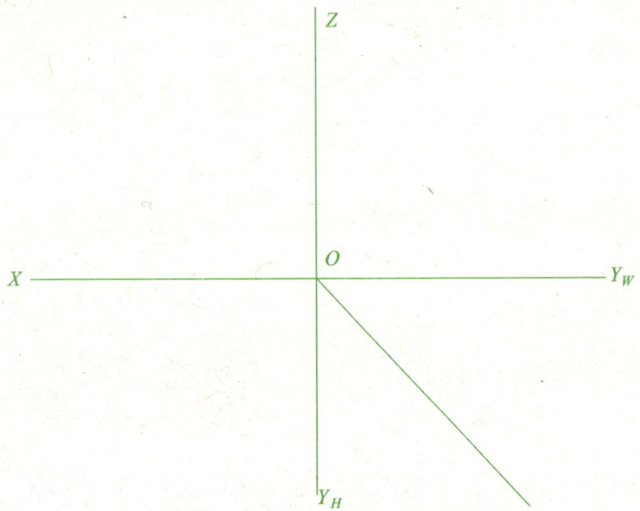

点 A 距 V 面________，距 H 面________，距 W 面________。

点 B 在 V 面上；b 在________；b' 在________与________重合；b'' 在________。

点 C 在 OX 轴上；c 和 c' 在________与________重合；c'' 在________。

点 D 在 H 面上；d 在________与________重合；d' 在________；d'' 在________。

点 E 在 OY 轴上；e 在________；e' 在________；e'' 在________。

班级:　　　　学号:　　　　姓名:

2. (1) 已知 A、B 两点的两面投影，求作其第三面投影； (2) 求作 C、D、E 三点的三面投影，并判别其可见性。其中，点 C 在点 A 的正后方，距点 A 为 10 mm；点 D 在点 B 正右方，距点 B 为 20 mm；点 E 在点 B 正下方，距点 B 为 15 mm。 (3) 在三投影面体系中画出各点的空间位置。 (4) 指出各点的坐标。

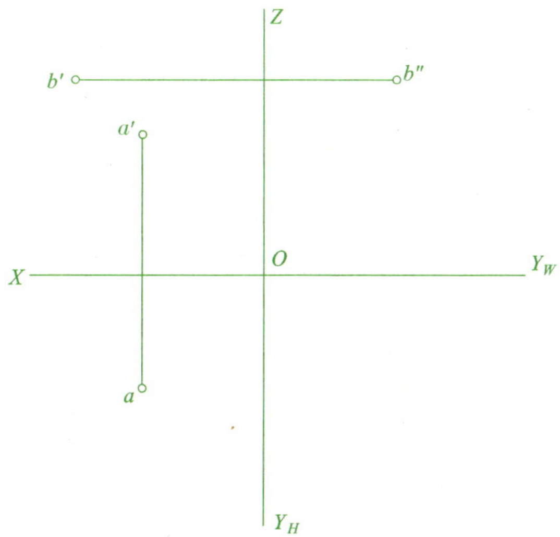

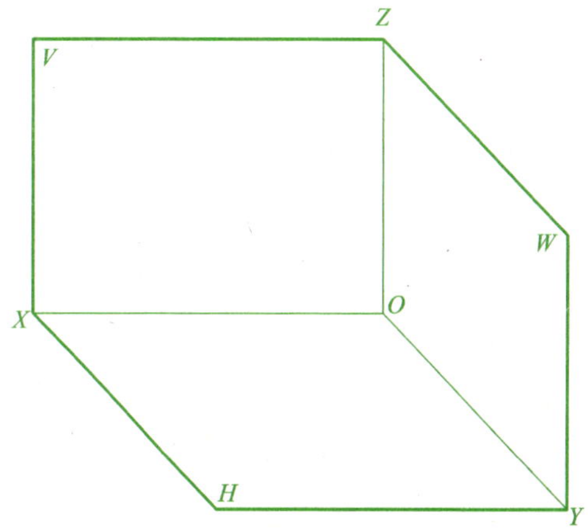

A (, ,); B (, ,); C (, ,); D (, ,); E (, ,)。

3. 已知正四棱锥的正面投影和水平投影，试画出侧面投影，并回答问题（S、A 的坐标值以 mm 为单位，取整数）。

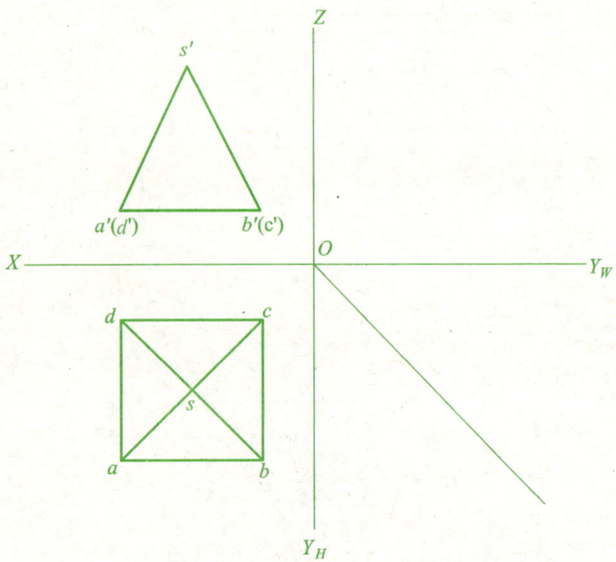

(1) S（　　，　　，　　）；

点 S 距 H 面____。

点 S 距 V 面____。

点 S 距 W 面____。

(2) A（　　，　　，　　）；

点 A 距 H 面____。

点 A 距 V 面____。

点 A 距 W 面____。

(3) 点 S 在点 A 的____、____、____方。

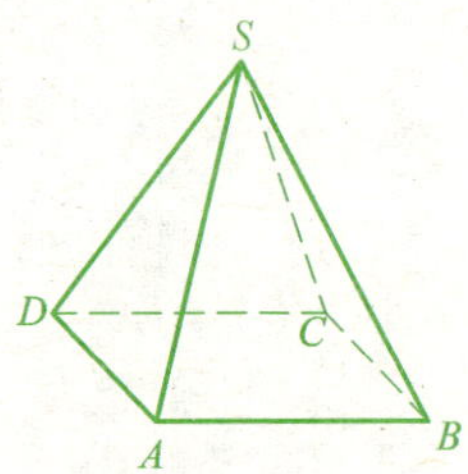

3-2　直线的投影

1. 已知线段 AB 长 15 mm，又知其一端点 A 的两面投影，按以下给定条件求该直线的第三投影。

(1) AB 垂直于 H 面。

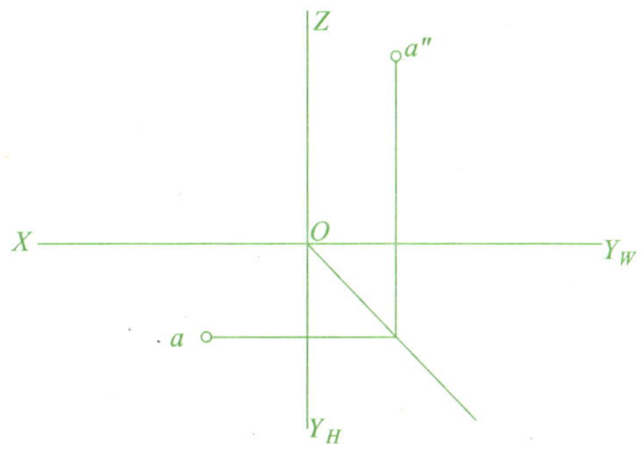

(2) AB 垂直于 V 面。

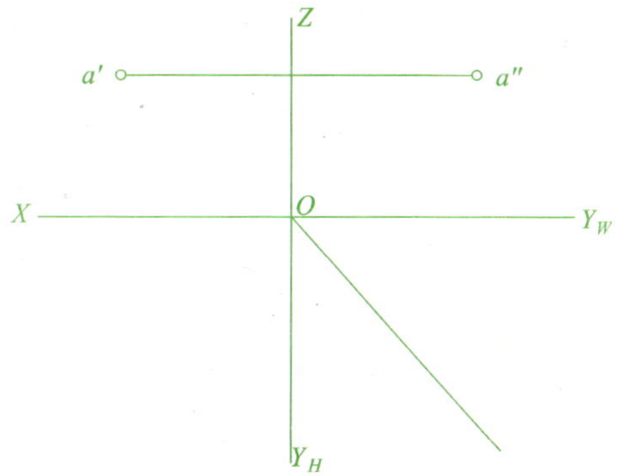

2. 判断下列直线对投影面的相对位置并填写它们的名称。

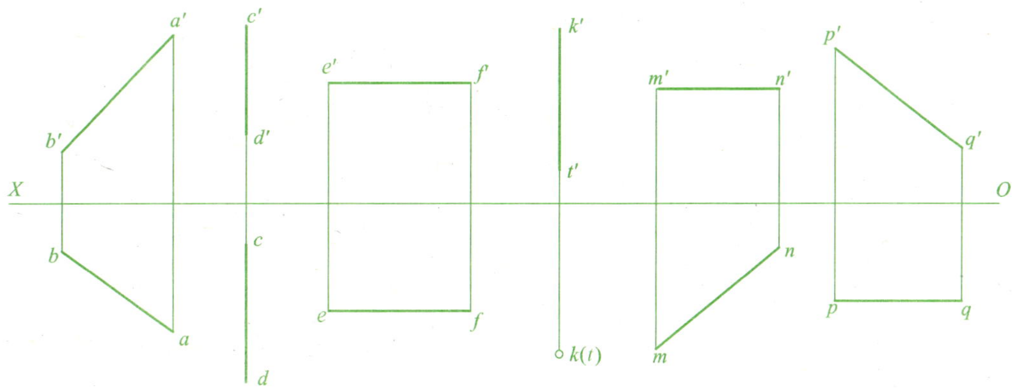

AB 是＿＿＿＿＿＿＿＿。

CD 是＿＿＿＿＿＿＿＿。

EF 是＿＿＿＿＿＿＿＿。

KT 是＿＿＿＿＿＿＿＿。

MN 是＿＿＿＿＿＿＿＿。

PQ 是＿＿＿＿＿＿＿＿。

班级：　　　　学号：　　　　姓名：

3. 已知正四面体的水平投影，又知 A、B、C 三点距 H 面均为 10 mm，完成其三面投影图，并回答问题。

AB 是 水平 线；其水平投影具有 实形 性。

BC 是 ____ 线；其水平投影具有 ____ 性。

AC 是 ____ 线；其侧面投影具有 ____ 性。

SB 是 ____ 线；其侧面投影具有 ____ 性。

SA 是 ____ 线；其三面投影均具有 ____ 性。

SC 是 ____ 线；其三面投影均具有 ____ 性。

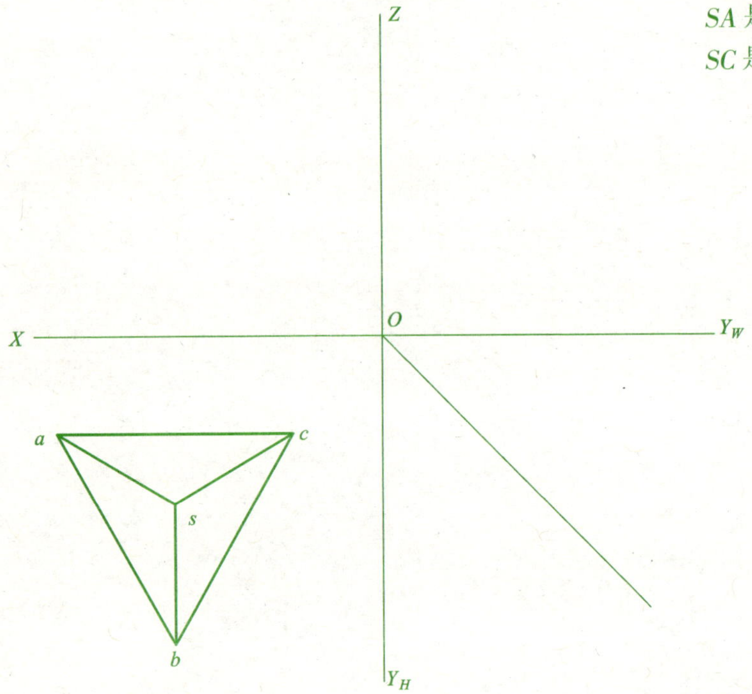

4. 判别下列两直线的相对位置。

(1)

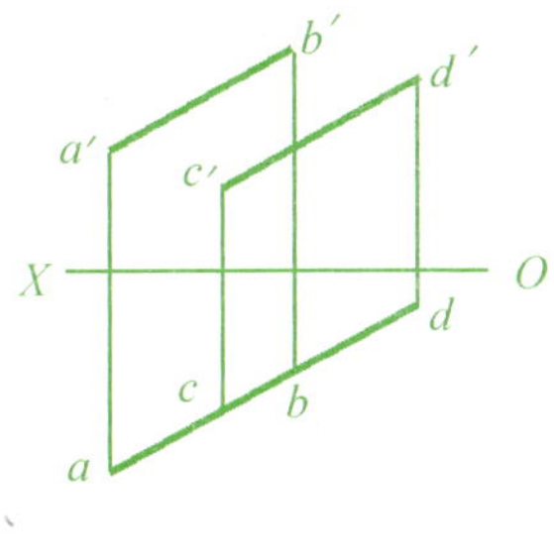

AB 与 CD ________

(2)

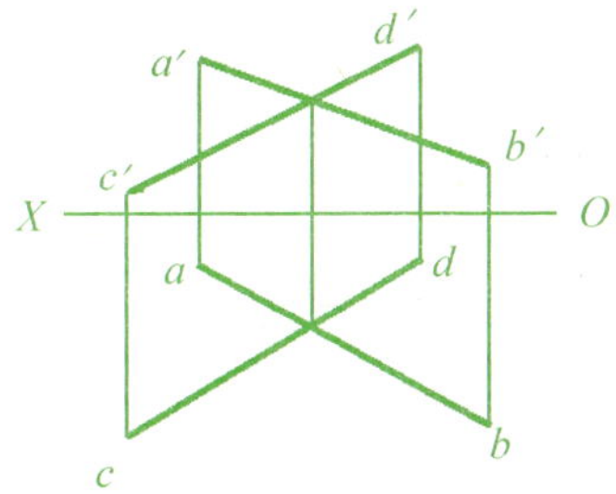

AB 与 CD ________

(3)

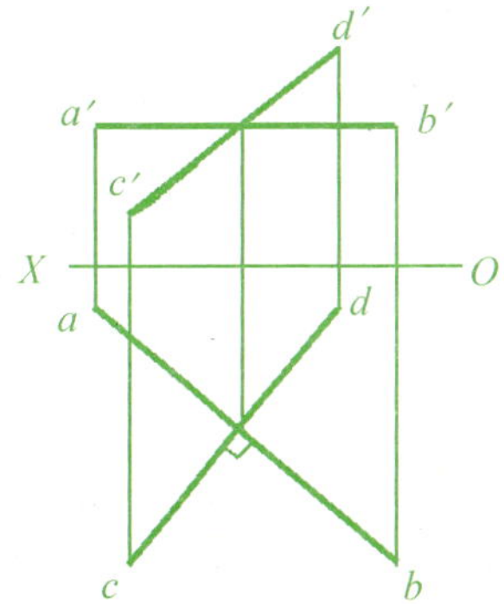

AB 与 CD ________

(4)

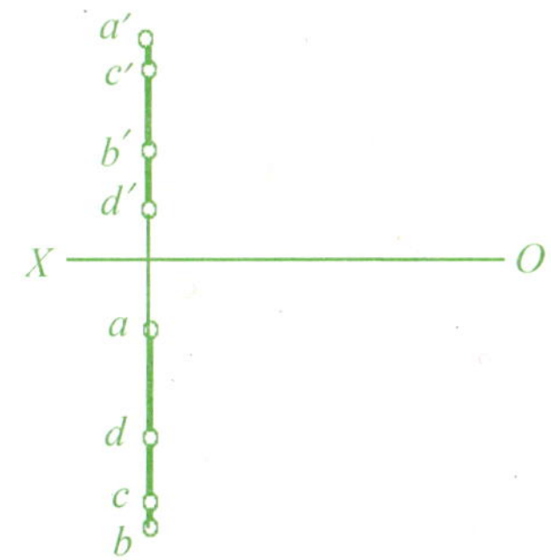

AB 与 CD ________

5. 完成重影点 E、F 和 M、N 的投影。

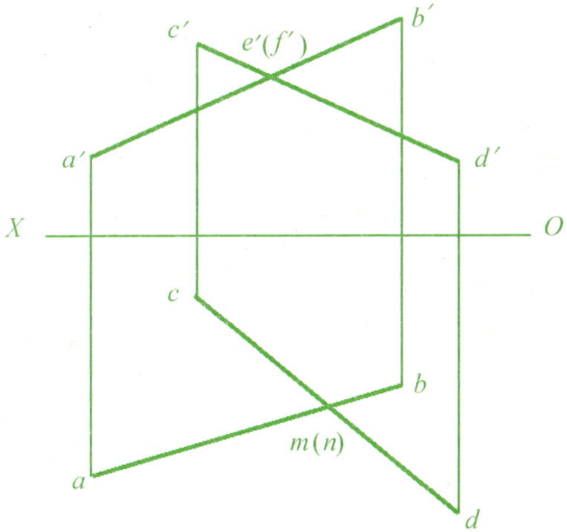

6. 试作一直线 MN 平行于 AB，且与 CD、EF 相交。

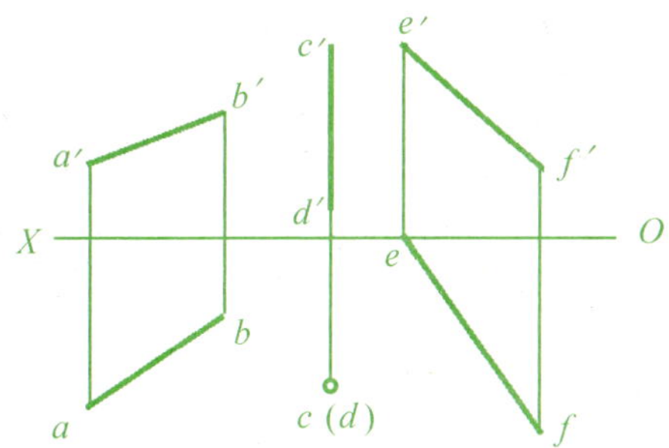

7. 作直线 *AB*、*CD*，使 *AB* 平行于 *CE* 并与 *CD* 相交。

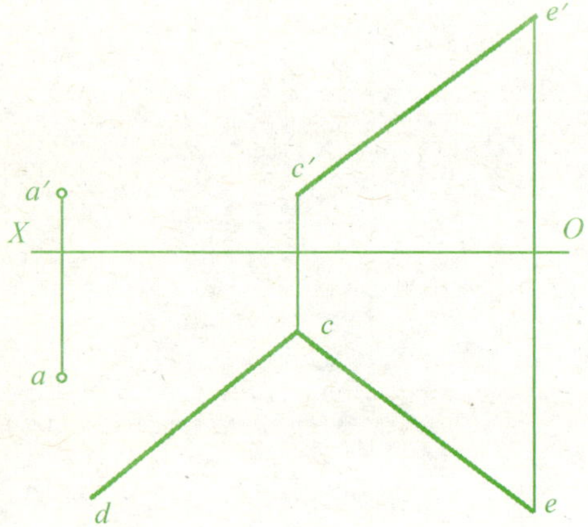

3-3 平面的投影

1. 按各平面对投影面相对位置，填写它们的名称和对投影面的倾角（0°，30°，45°，60°，90°）。

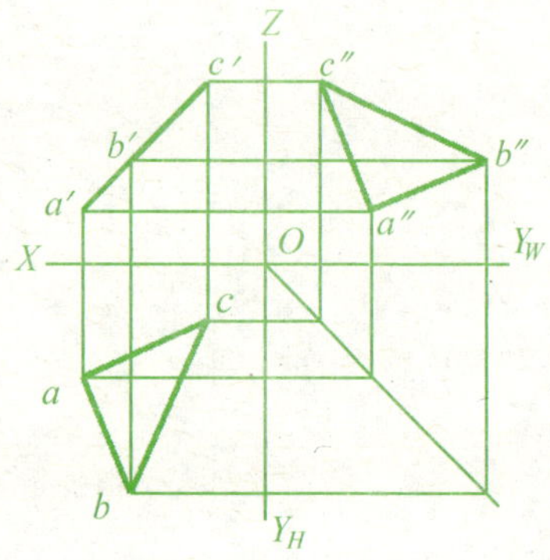

ABC 是________面。

$\alpha=$　　;$\beta=$　　;$\gamma=$

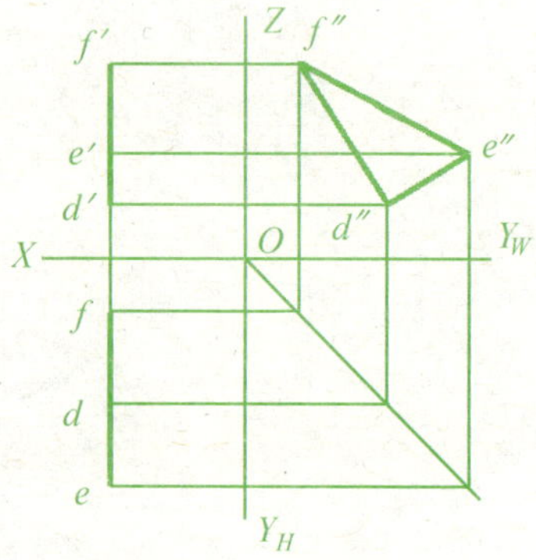

DEF 是________面。

$\alpha=$　　;$\beta=$　　;$\gamma=$

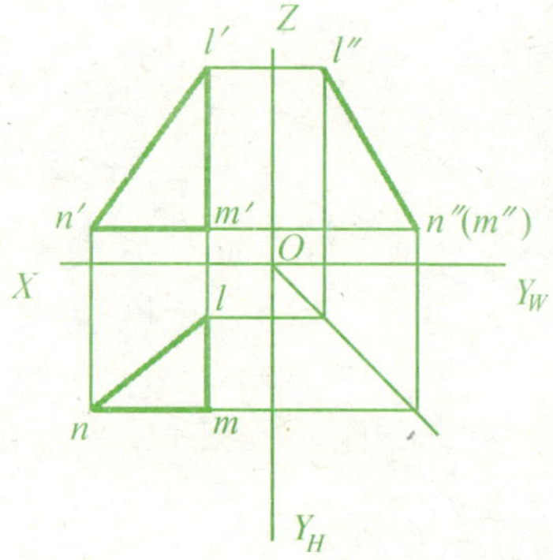

LMN 是________面。

$\alpha=$　　;$\beta=$　　;$\gamma=$

8. 完成矩形 *ABCD* 的投影。

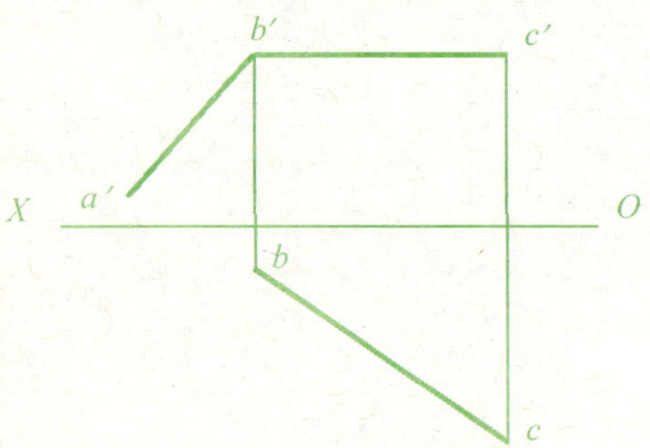

2. 对照形体立体图，在三面投影中标出直线 *AB*、*CD* 和平面 *P*、*Q* 的投影。

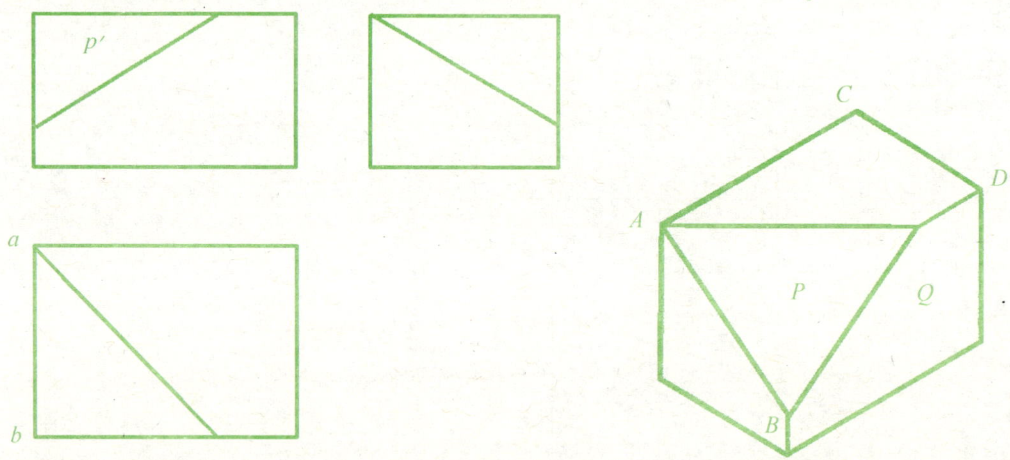

班级：　　　　学号：　　　　姓名：

3. 分析指定表面的空间位置，标记该面的其他两投影及形体立体图上的位置，并回答问题。

(1)

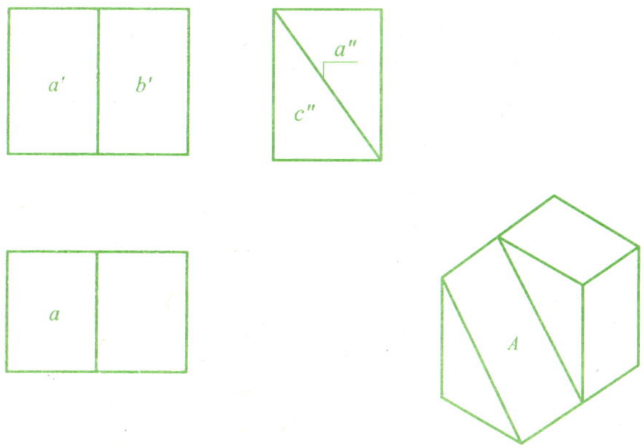

平面 A 是侧垂面；水平投影具有相仿性；正面投影具有相仿性；侧面投影具有积聚性。该平面是长方形。

平面 B 是______面；水平投影具有______；正面投影具有______；侧面投影具有______；该平面是______形。

平面 C 是______面；水平投影具有______；正面投影具有______；侧面投影具有______；该平面是______形。

(2)

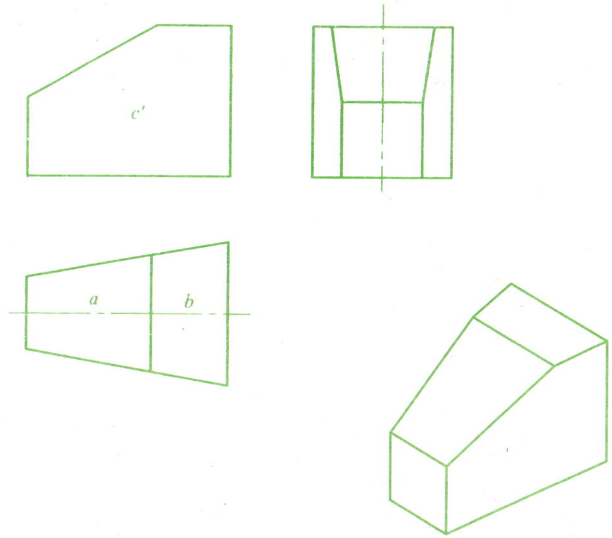

平面 A 是______面；水平投影具有______；正面投影具有______；侧面投影具有______。该平面是______形。

平面 B 是______面；水平投影具有______；正面投影具有______；侧面投影具有______；该平面是______形。

平面 C 是______面；水平投影具有______；正面投影具有______；侧面投影具有______；该平面是______形。

4. 判断点 *E* 是否在平面 *ABCD* 上。

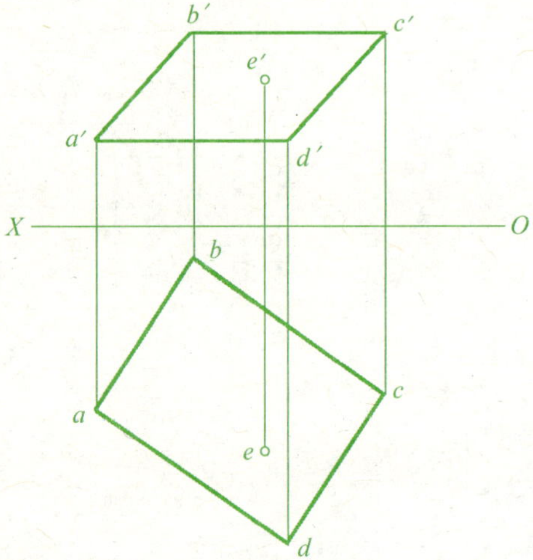

5. 作平面 *ABC* 上的图形 *DEF* 的水平投影。

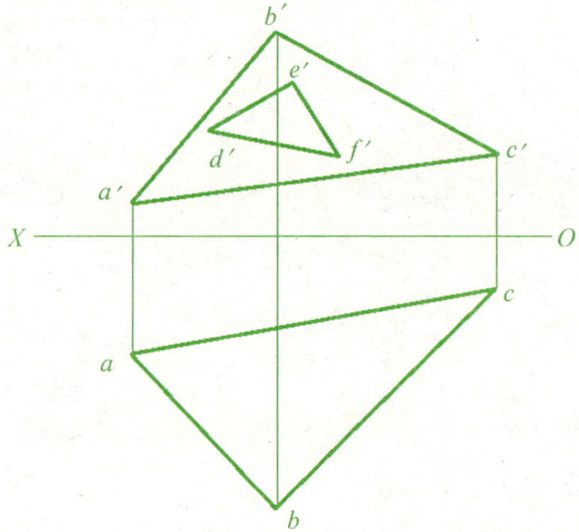

6. 完成平面五边形 *ABCDE* 的投影。

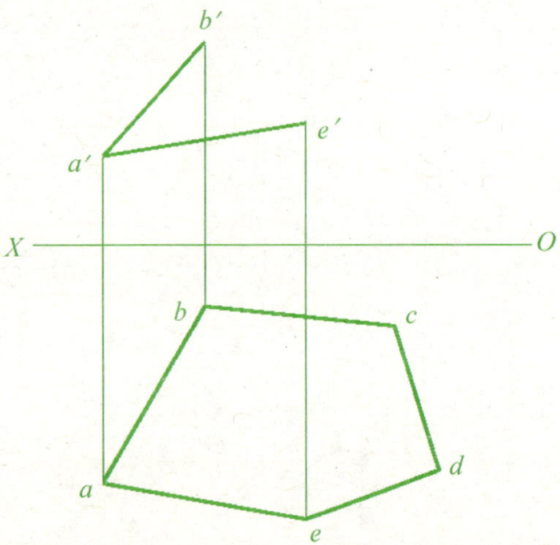

7. 作属于平面图形的一条水平线 *AD* 和一条正平线 *CE*，并作出它们的侧面投影。

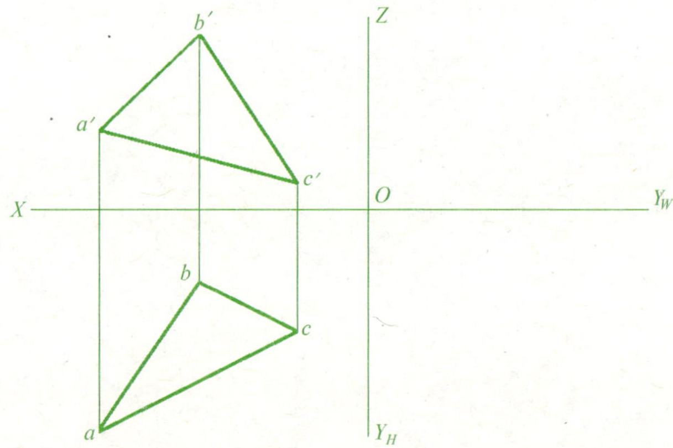

班级:　　　　　学号:　　　　　姓名:

8. 试在已知平面上作特殊位置直线（注出直线的符号）。

(1) 距 H 面 15 mm 的水平线 EF。

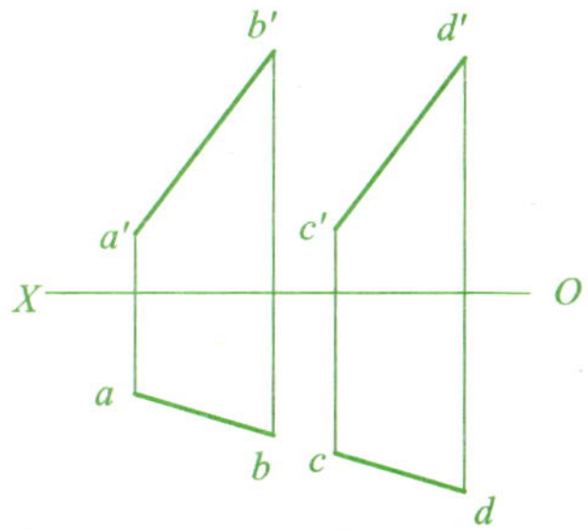

(2) 距 V 面 20 mm 的正平线 EF。

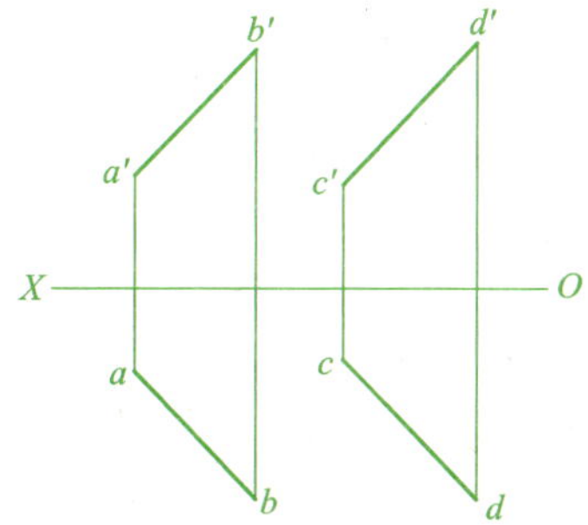

(3) 水平线 AE，其 β=60°。

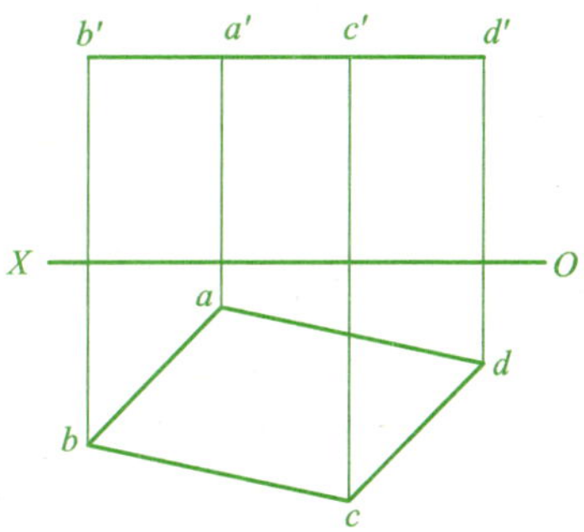

(4) 距 V 面 16 mm 的正平线。

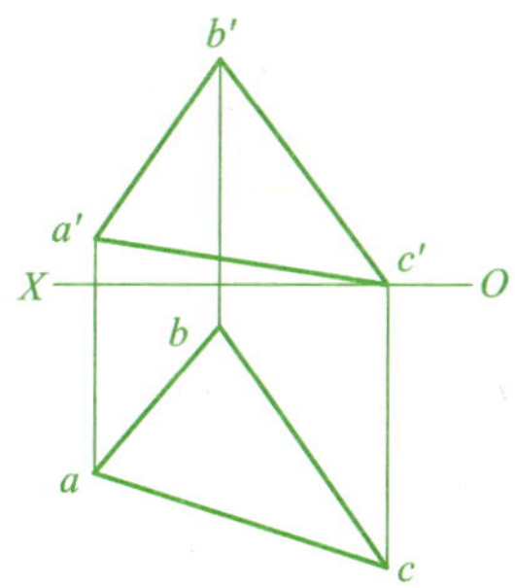

班级：　　　　学号：　　　　姓名：

9. 在形体的三面投影图中，根据形体上已作标记的直线或平面两面投影，标出它们的第三面投影，并回答问题。

(1)

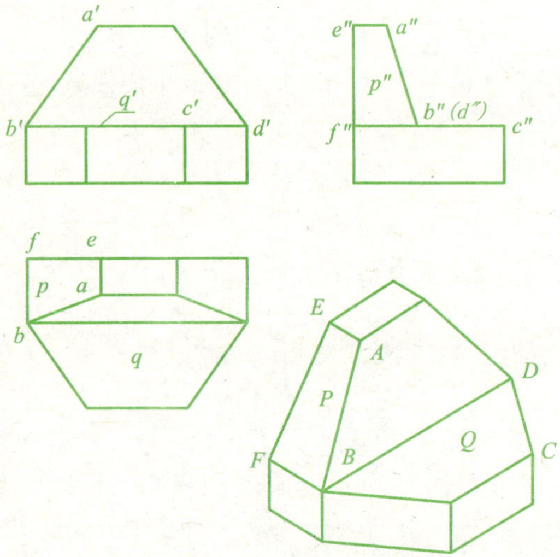

AB 是一般位置直线

CD 是________线

BD 是________线

EF 是________线

AE 是________线

P 是________面

Q 是________面

(2)

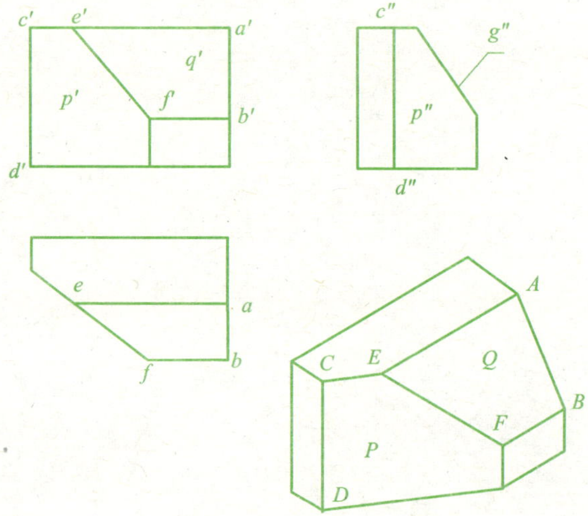

AB 是________线

CD 是________线

BF 是________线

EF 是________线

AE 是________线

P 是________面

Q 是________面

班级:　　　　学号:　　　　姓名:

10. 根据下列各形体立体图对照相应的已知投影图，分别完成其三面投影图（所缺尺寸从轴测图上沿轴向按 1:1 量取整数）。

(1)

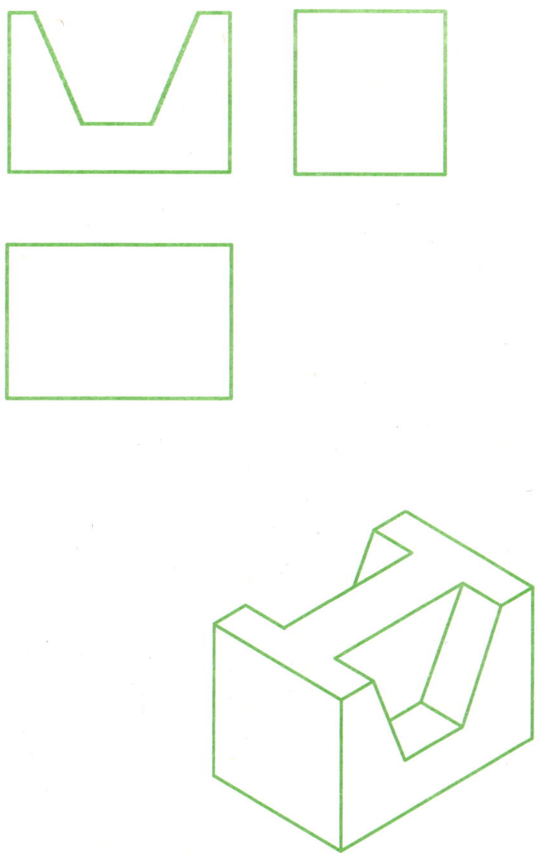

(2)

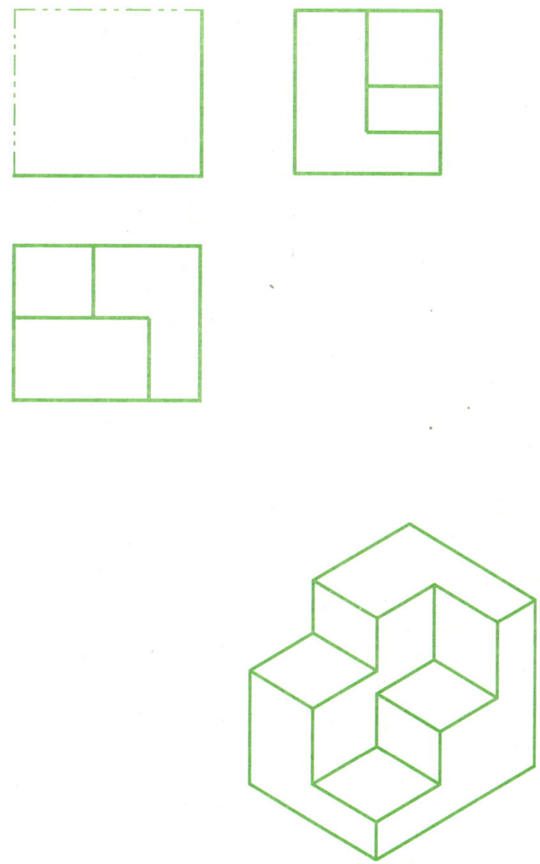

11. 根据给出形体的两面投影图，画出第三投影图，并回答问题。

(1)

A 是<u>水平</u>面；B 是____面；C 是____面。

(2)

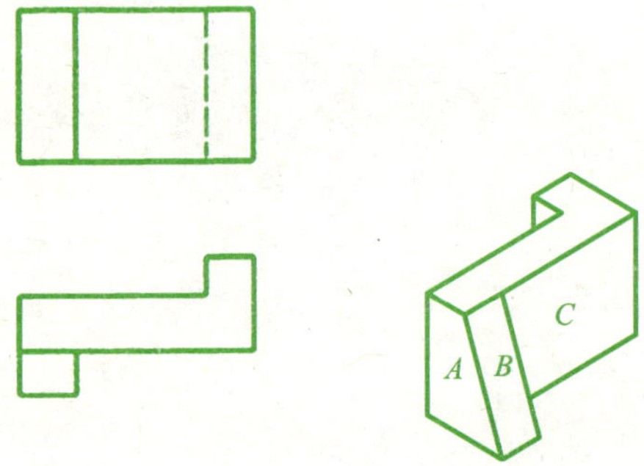

A 是____面；B 是____面；C 是____面。

(3)

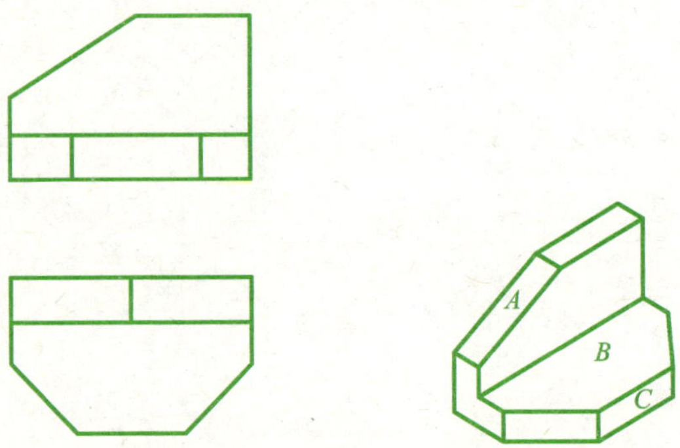

A 是____面；B 是____面；C 是____面。

(4)

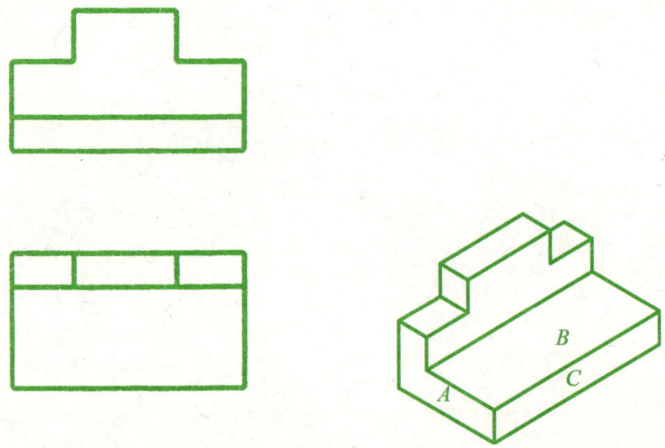

A 是____面；B 是____面；C 是____面。

班级：　　　　　学号：　　　　　姓名：

第四章　立体及表面交线

4-1　基本形体

1. 写出几何体的名称，完成三面投影图，作出其表面上指定点的其余两面投影，并回答问题。

(1)

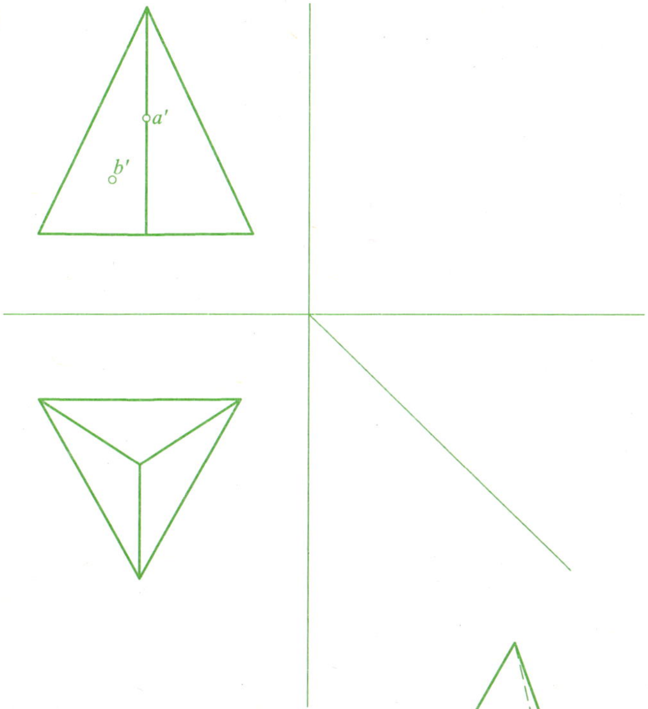

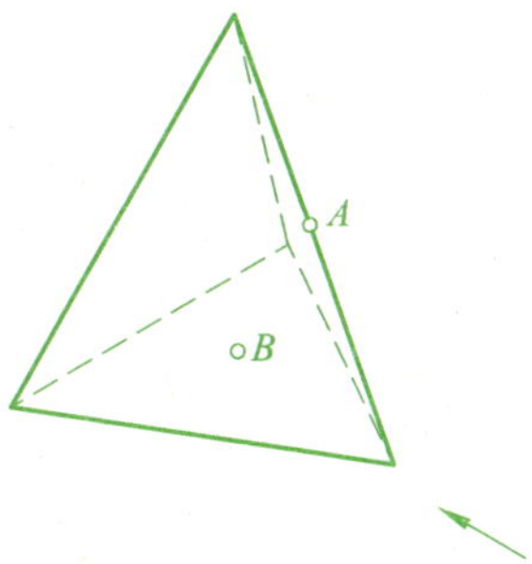

正三棱锥体。

点 A 在棱线上；

点 B 在左侧棱面上。

(2)

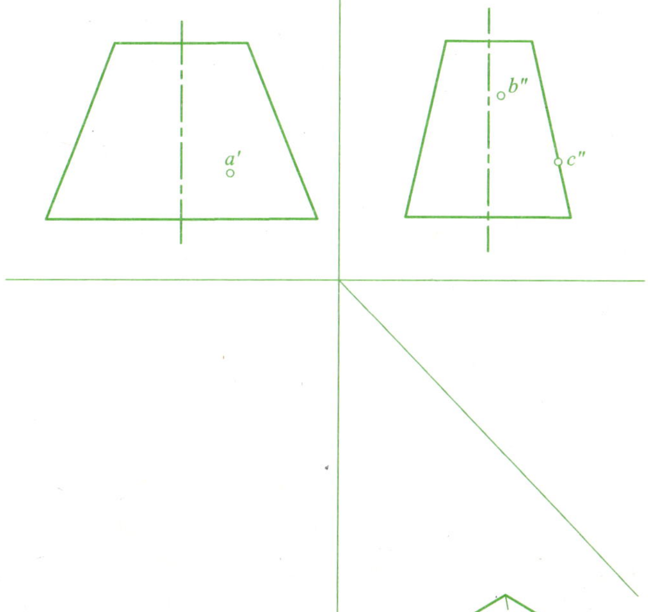

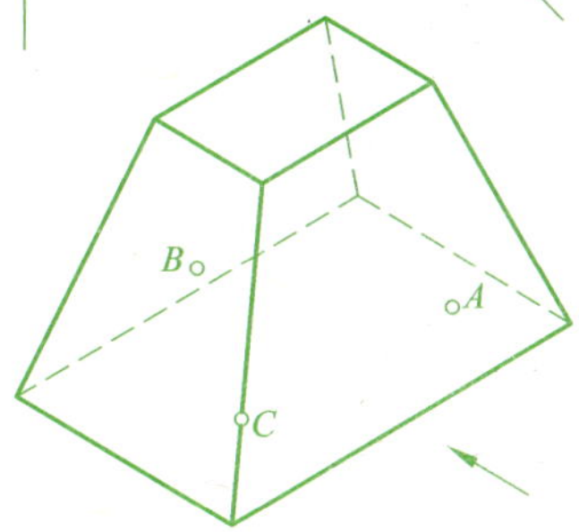

____________体。

点 A 在________上；

点 B 在__________上；

点 C 在__________上。

班级：　　　　学号：　　　　姓名：

(3)

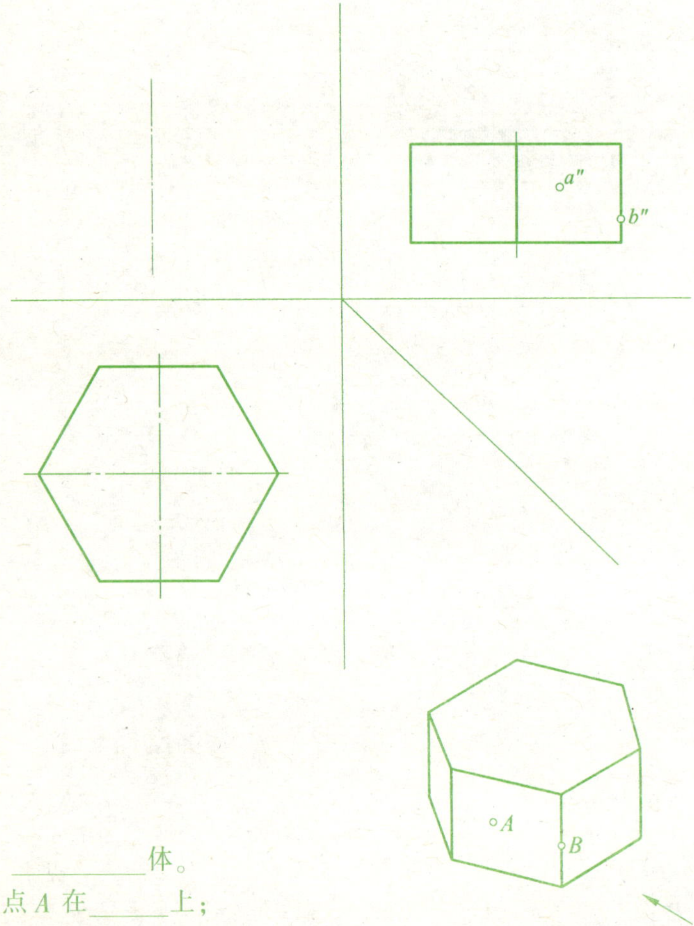

________体。

点 A 在______上；

点 B 在________上。

2. 写出几何体名称，完成三面投影图，作出其表面上指定点的其余投影，并回答问题。

(1)

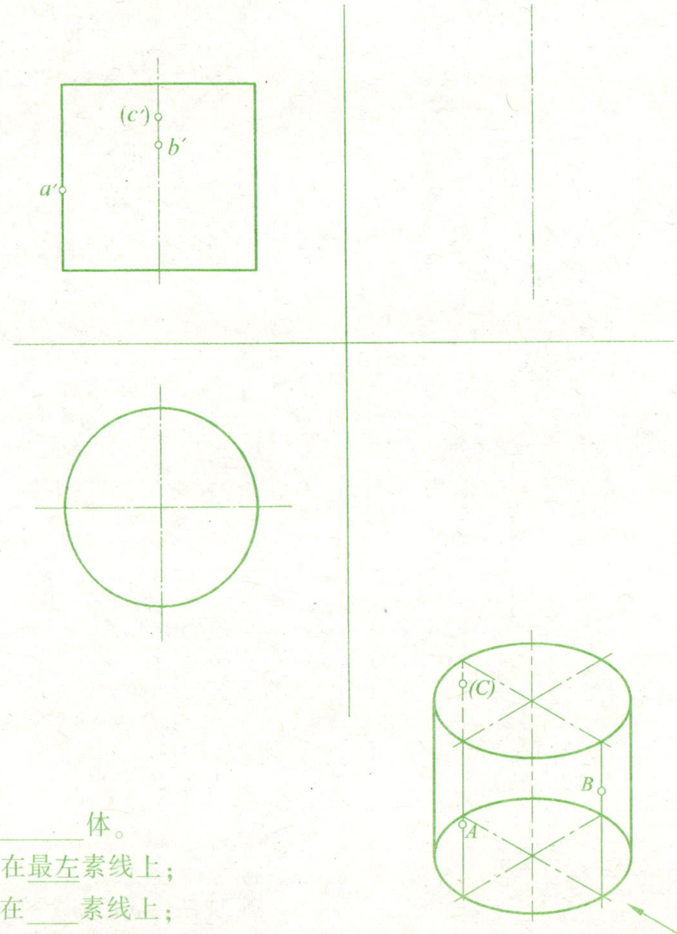

________体。

点 A 在最左素线上；

点 B 在____素线上；

点 C 在____素线上。

班级:　　　　学号:　　　　姓名:

(2)

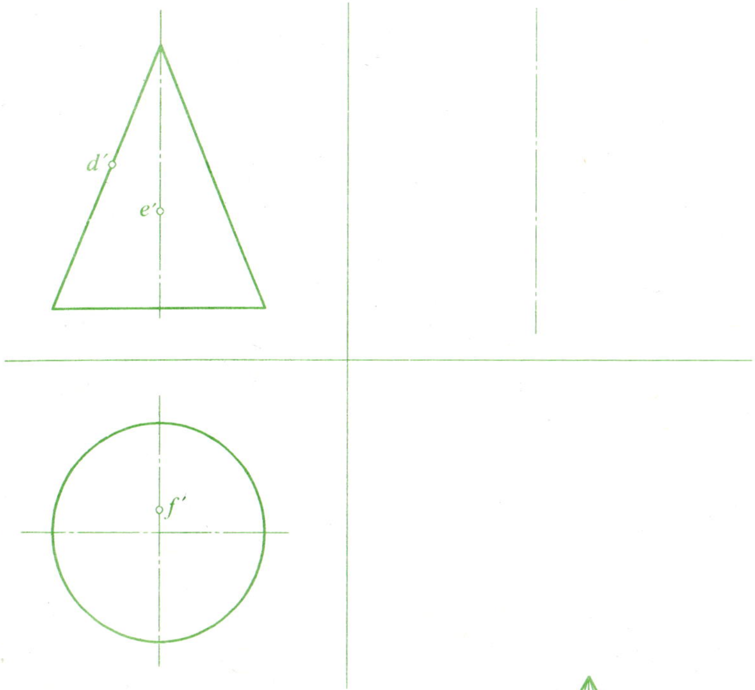

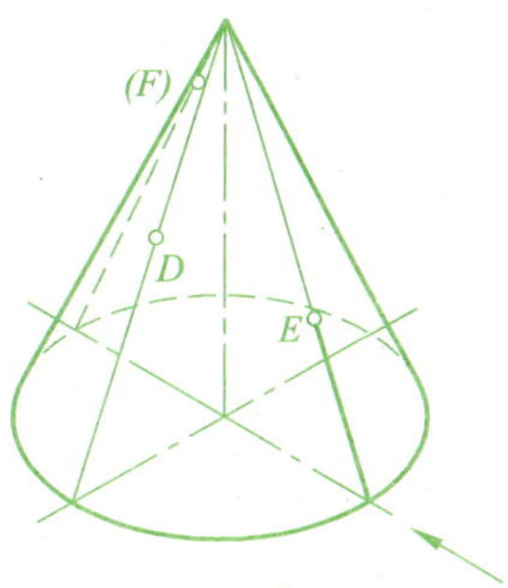

________体。

点 *D* 在______素线上；

点 *E* 在______素线上；

点 *F* 在______素线上。

(3)

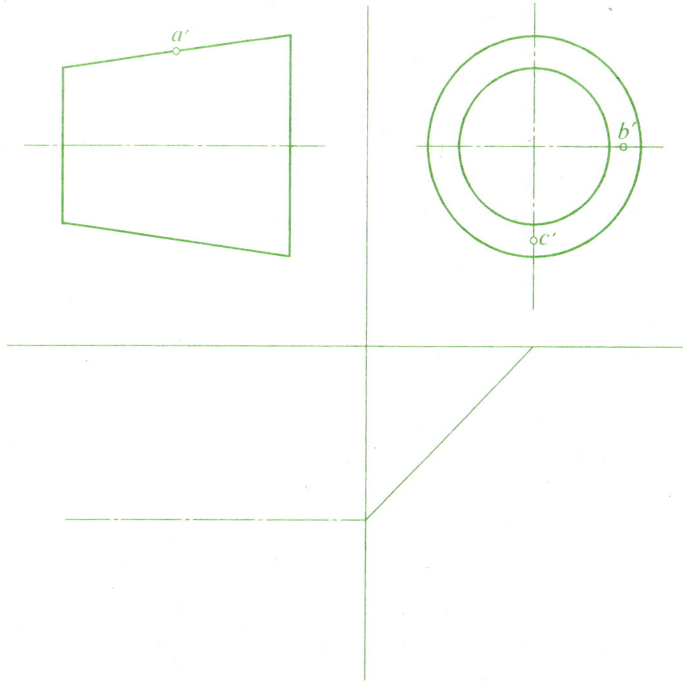

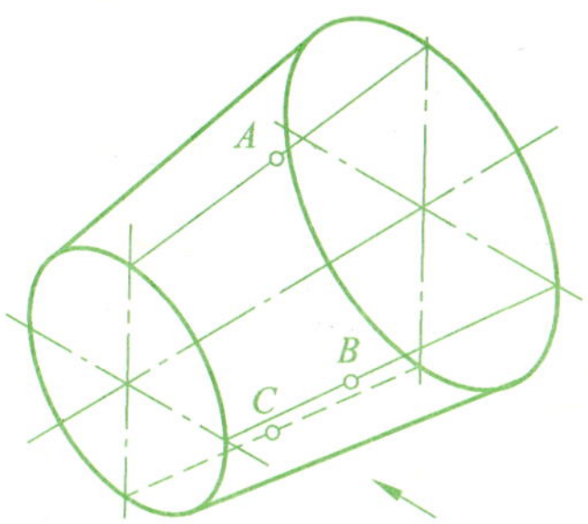

________体。

点 *A* 在______素线上；

点 *B* 在______素线上；

点 *C* 在______素线上。

班级： 学号： 姓名：

(4)

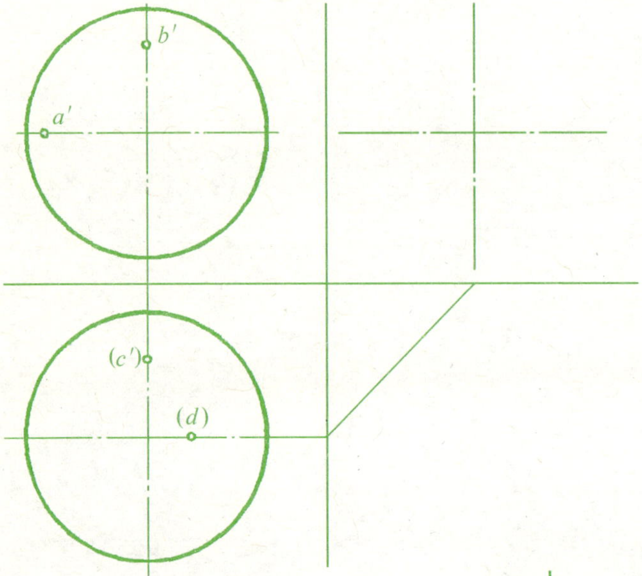

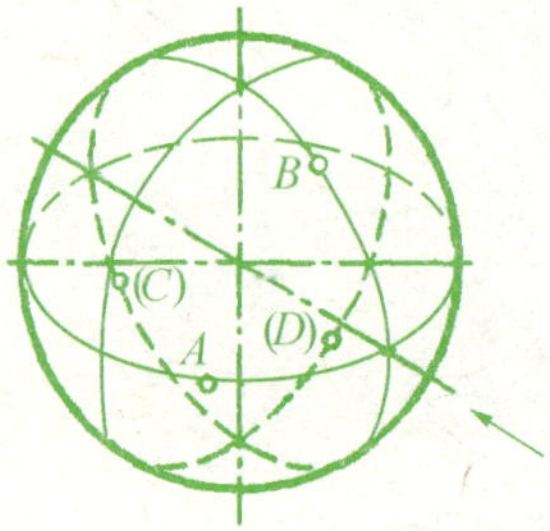

________体。

点 *A* 在平行于 <u>*H*</u> 面的最大圆上；

点 *B* 在平行于____面的最大圆上；

点 *C* 在平行于____面的最大圆上。

点 *D* 在平行于____面的最大圆上。

(5)

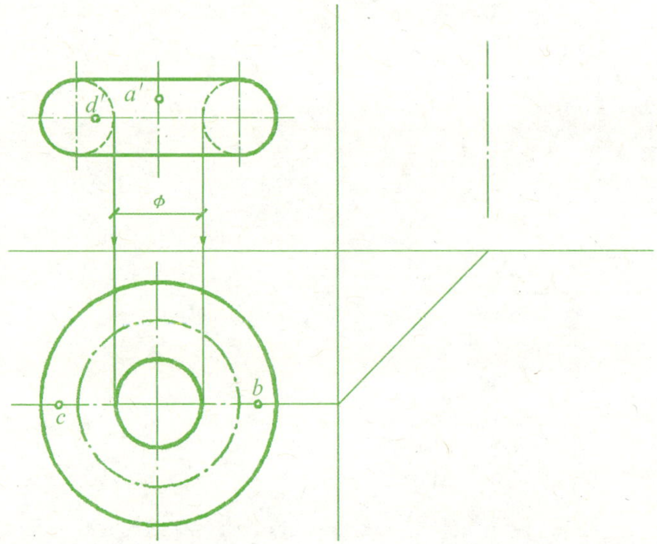

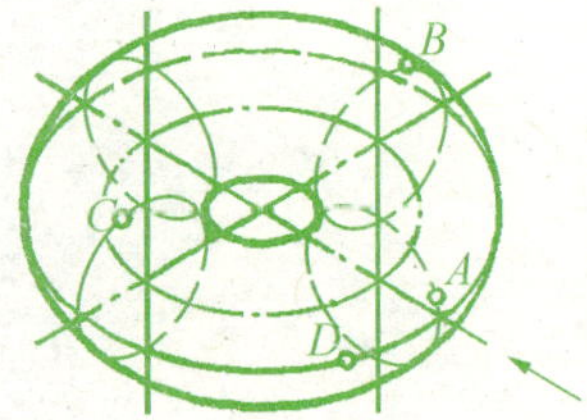

________体。

点 *A* 在平行于 <u>*W*</u> 面的 <u>最前</u> 素线圆上；

点 *B* 在平行于____面的____素线圆上；

点 *C* 在平行于____面的____素线圆上；

点 *D* 在平行于____面的____圆上。

3. 已知回转体表面上点、线的一面投影，求作另两面投影。

(1)

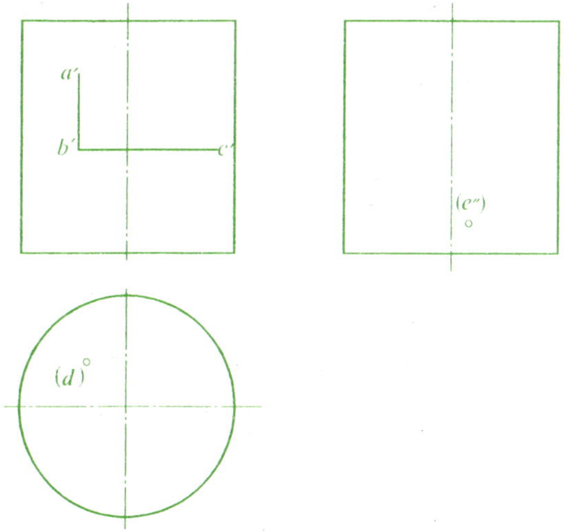

(2)

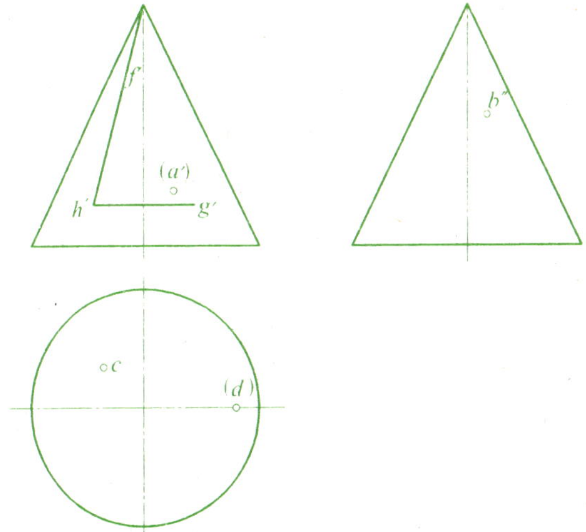

(3)

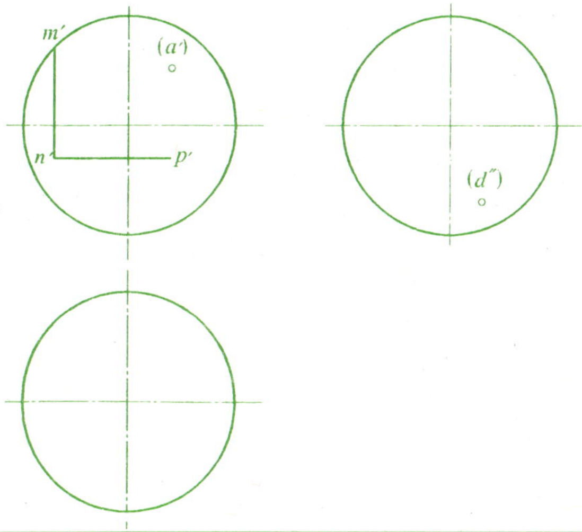

(4)

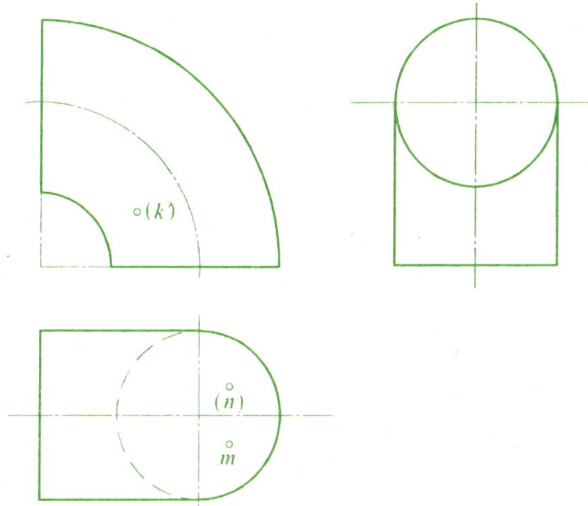

班级：　　　　学号：　　　　姓名：

4-2　截交线

1. 完成立体的三面投影图。

(1)

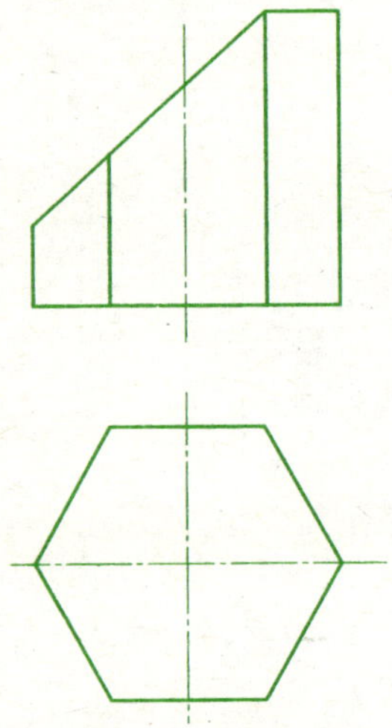

(2)

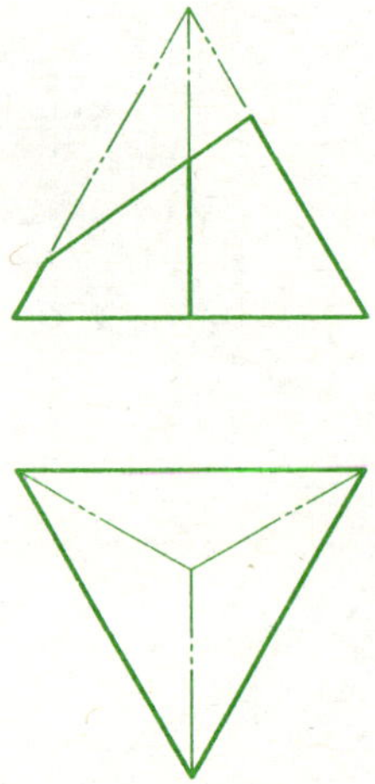

(3)

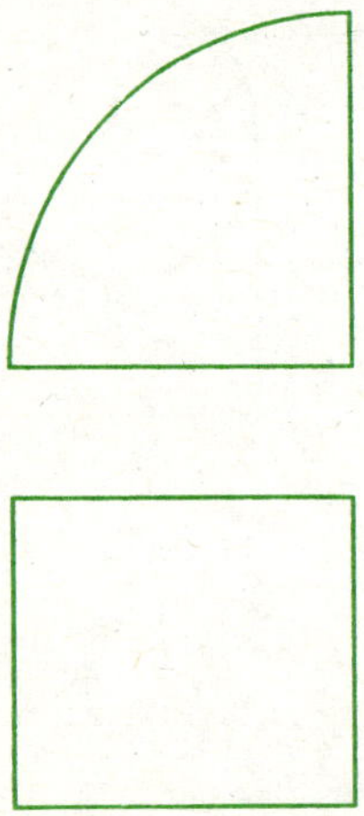

(4)

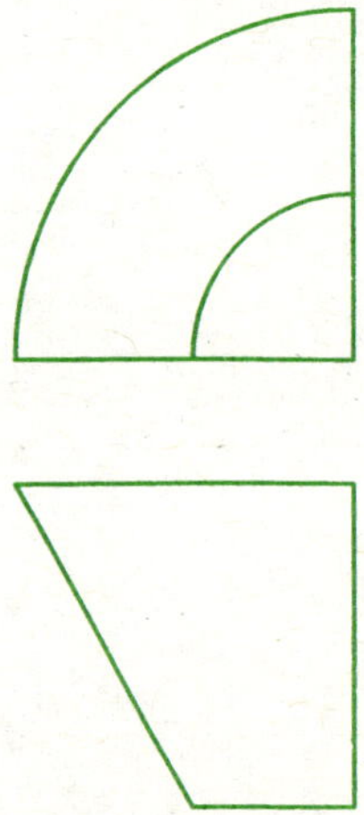

(5)

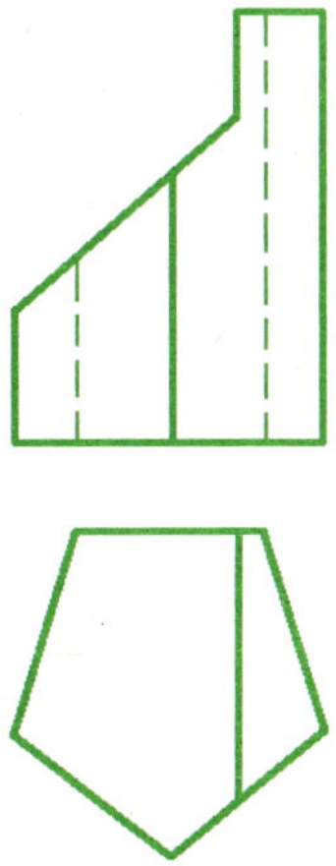

(6)

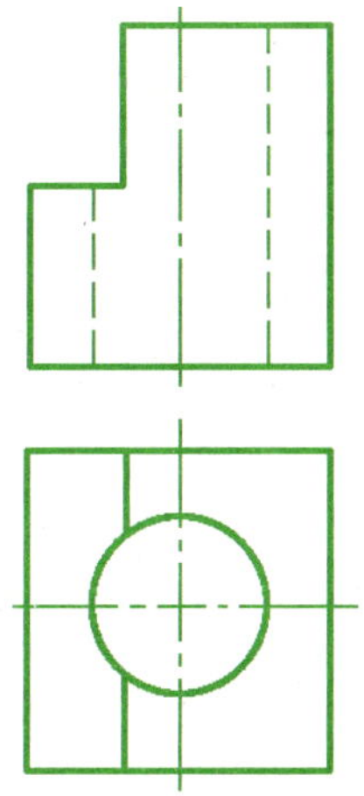

(7)

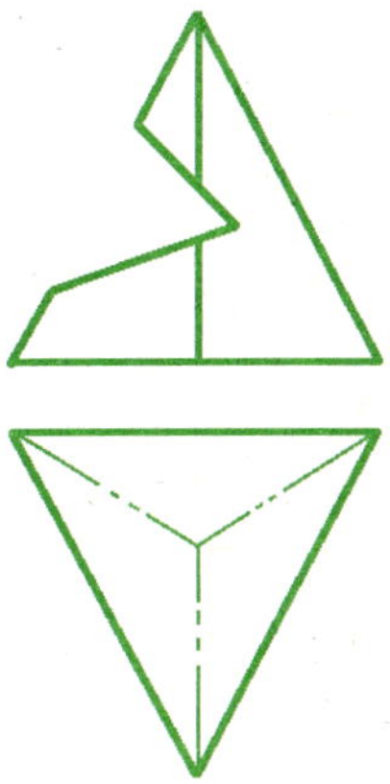

(8)

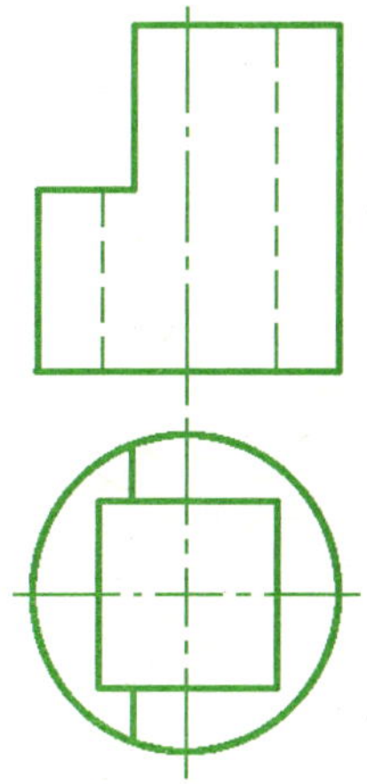

(9)

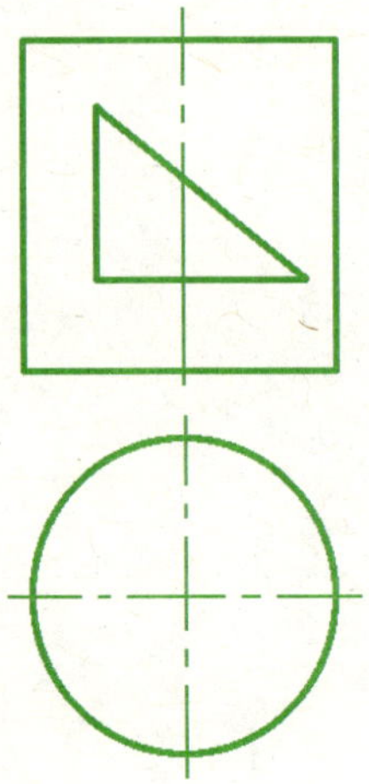

(10)

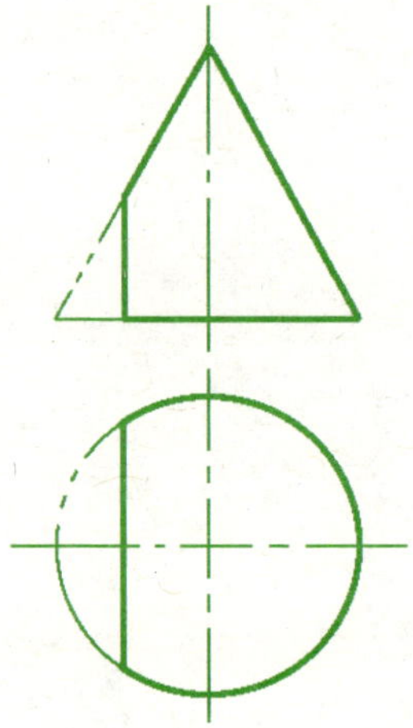

(11)

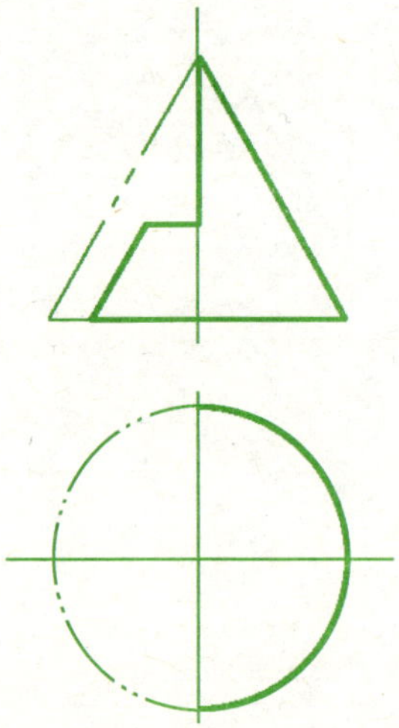

(12)

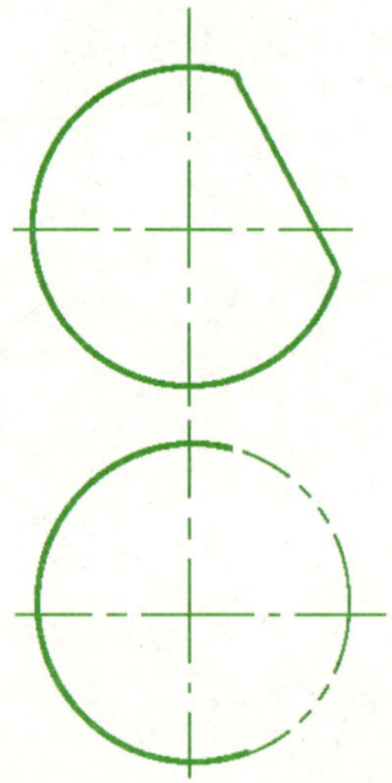

（13）

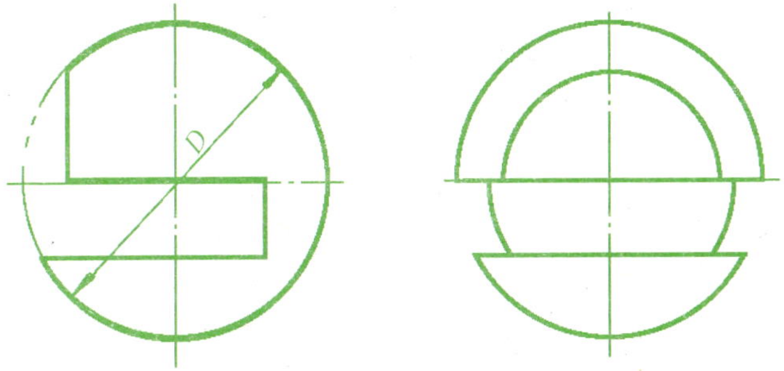

2. 已知四坡屋面檐口线的水平投影，屋面的倾角 $\alpha=30°$，试完成屋面交线的三面投影图。

3. 根据形体的正面投影与水平投影图，找出正确的侧面投影图。（在正确的侧面投影图下方打“✓”）

（1）

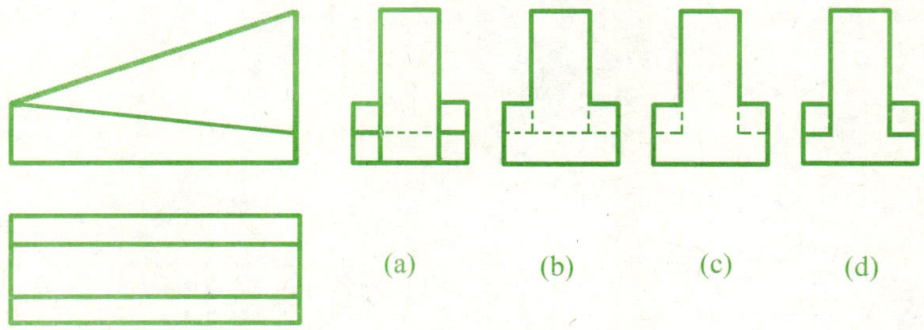

(a)　(b)　(c)　(d)

（2）

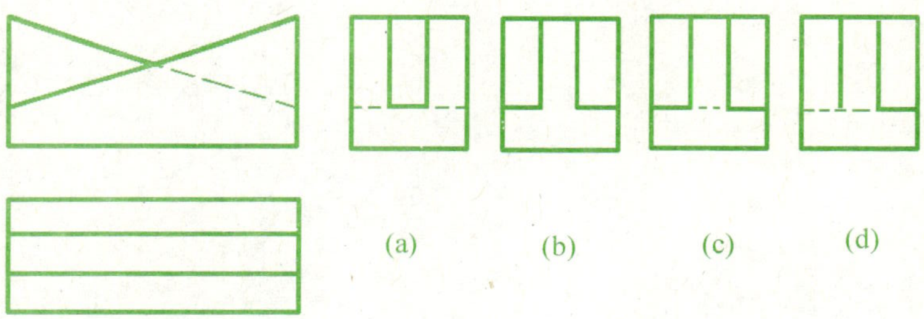

(a)　(b)　(c)　(d)

（3）

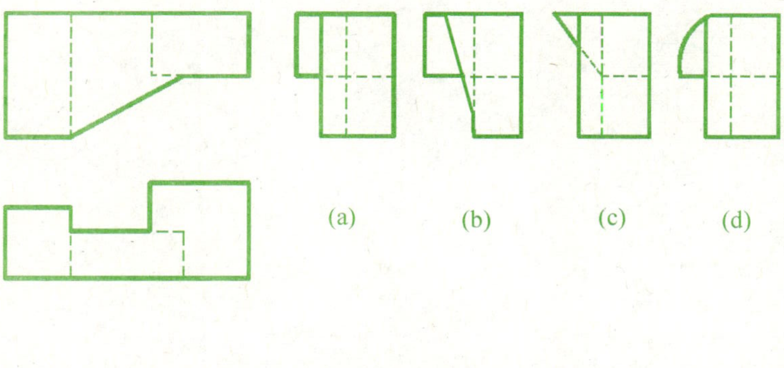

(a)　(b)　(c)　(d)

(4)

(5)

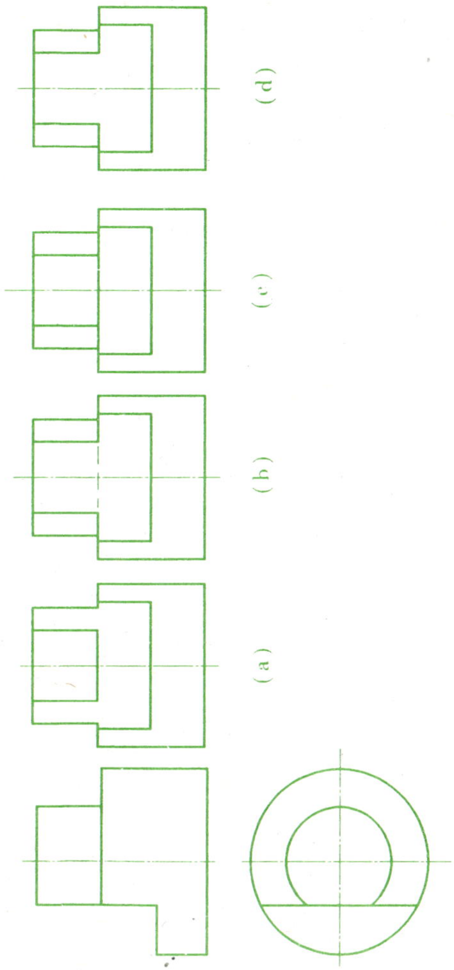

(6)

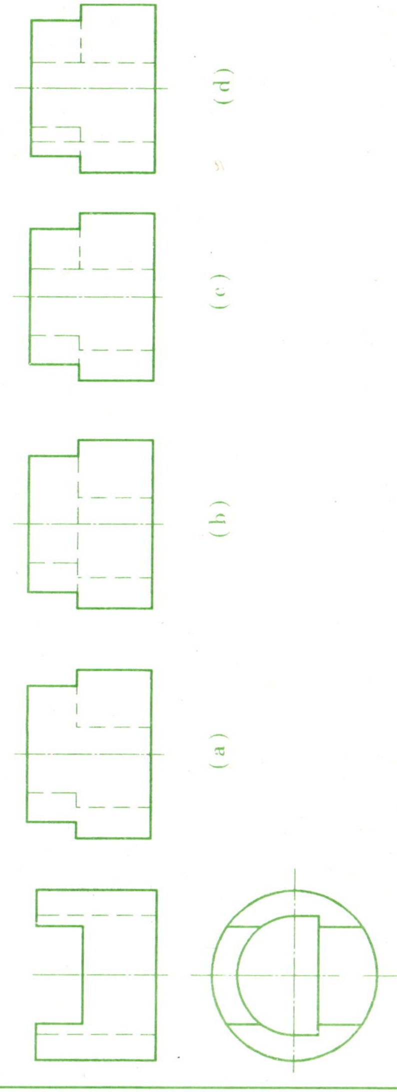

班级:　　　　学号:　　　　姓名:

4-3　相贯线

1. 平面立体与平面立体相交。

(1) 求三棱柱与三棱锥的表面交线（完成形体的正面投影）。

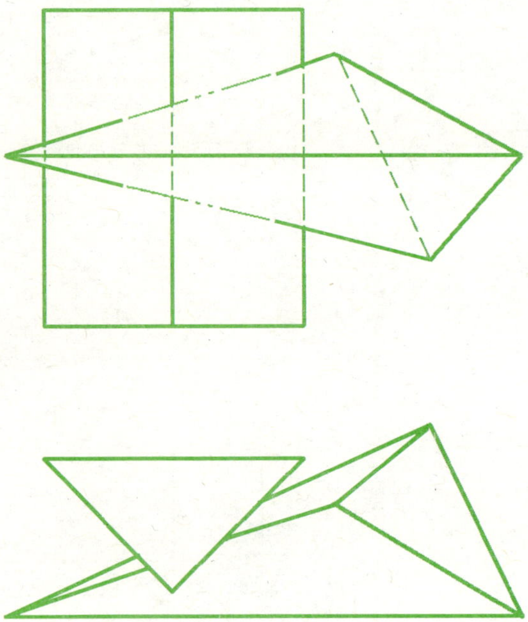

(2) 求房屋的表面交线（完成其水平投影）。

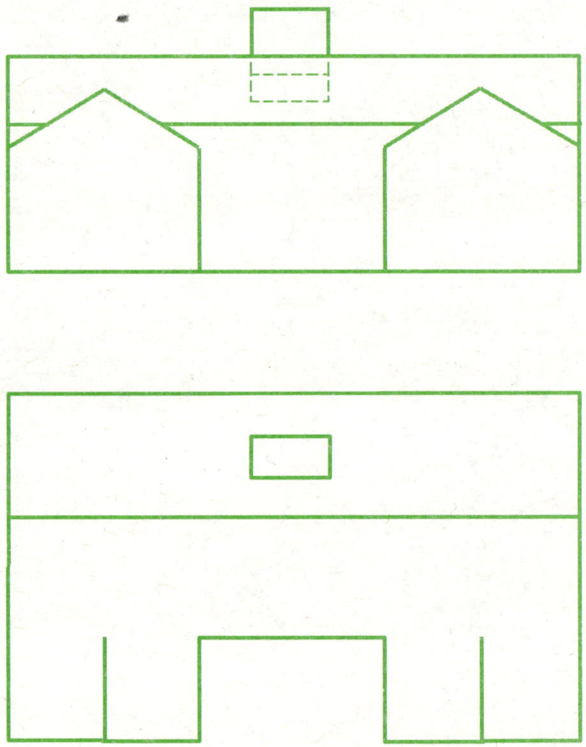

班级：　　　　学号：　　　　姓名：

2. 平面立体与曲面立体、曲面立体与曲面立体相交。

（1）求作下列各题中所缺的相贯线投影。

①

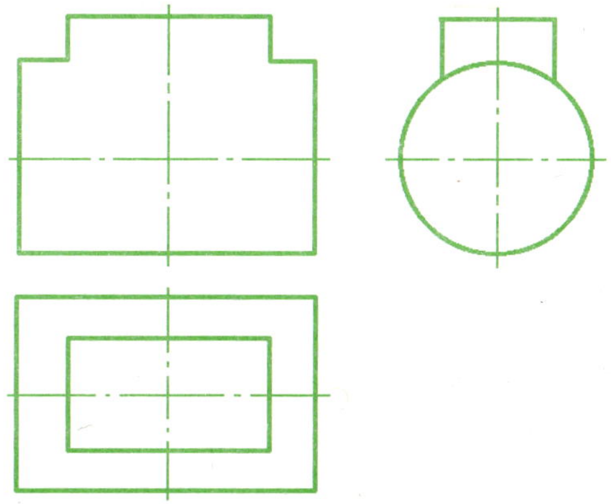

②

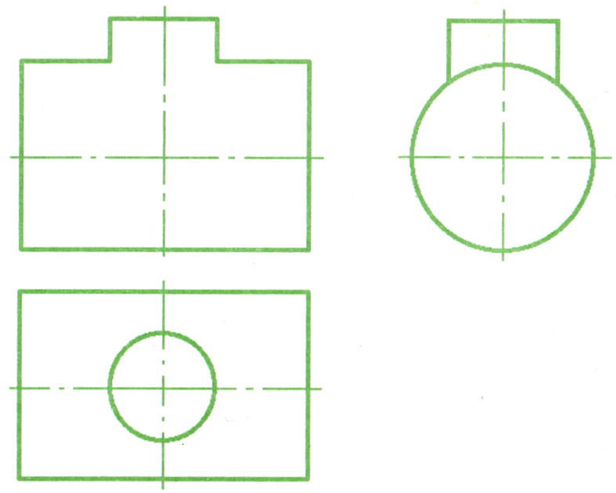

③

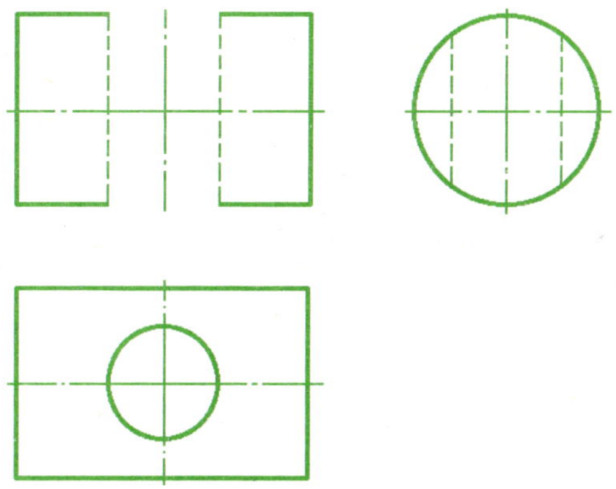

④

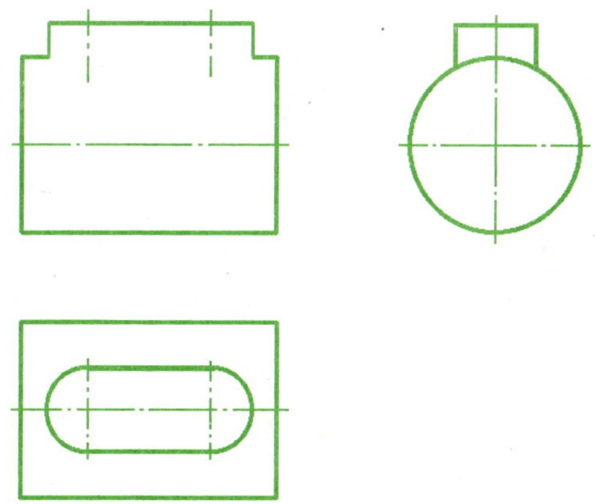

班级:　　　　　　学号:　　　　　　姓名:

⑤

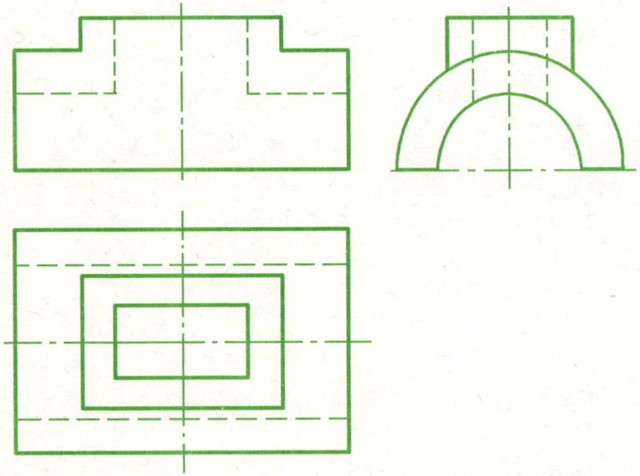

⑥

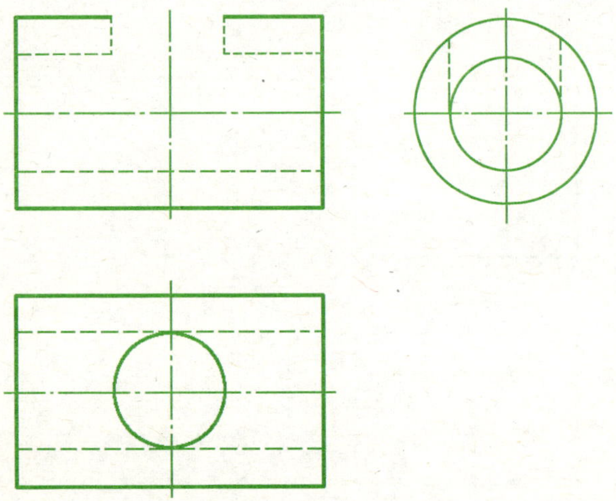

(2) 完成圆柱与圆锥相贯的三面投影。

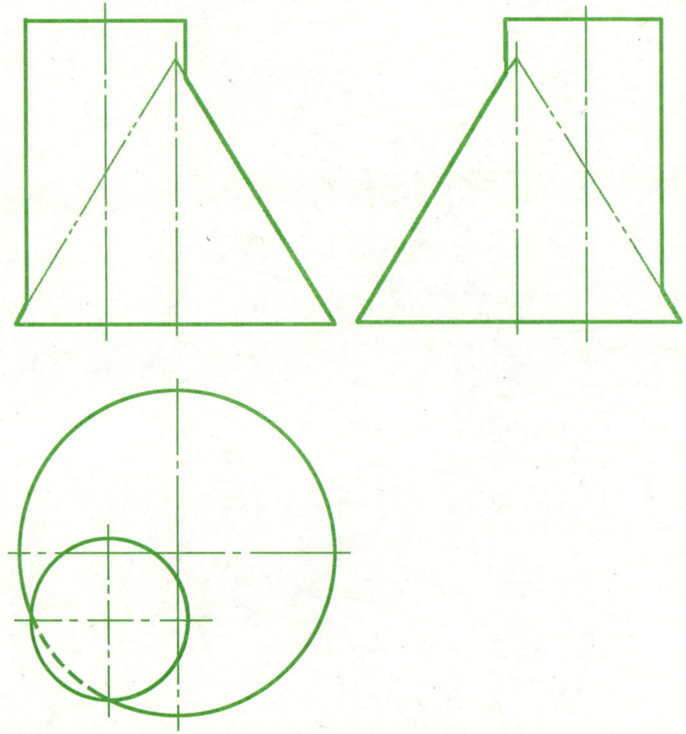

班级：　　学号：　　姓名：

3. 根据形体的正面投影与水平投影图，判断侧面投影图。（在正确的侧面投影图下打“✓”）

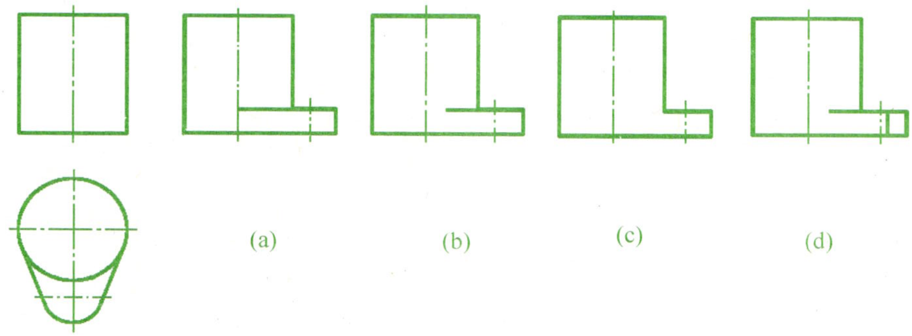

(a)　(b)　(c)　(d)

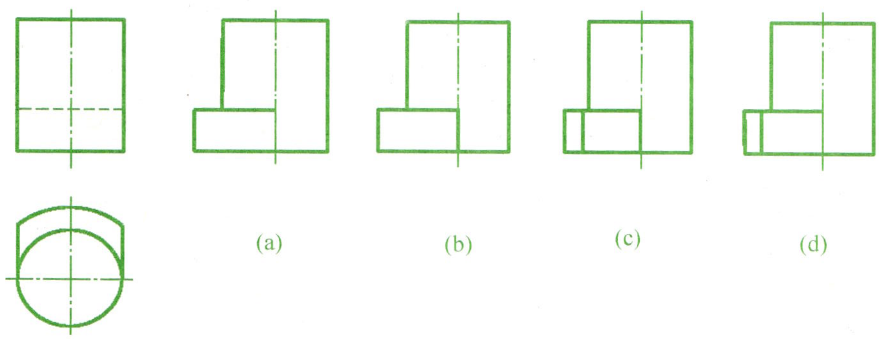

(a)　(b)　(c)　(d)

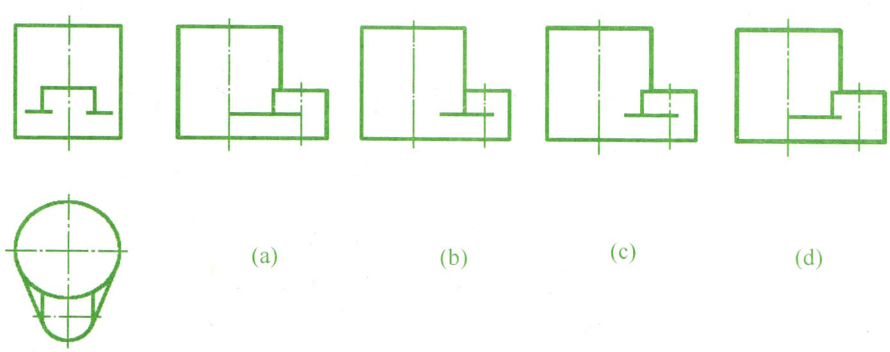

(a)　(b)　(c)　(d)

班级：　　　　学号：　　　　姓名：

第五章　轴测投影

5-1　根据已知形体的投影图，画出其正等轴测图

(1)

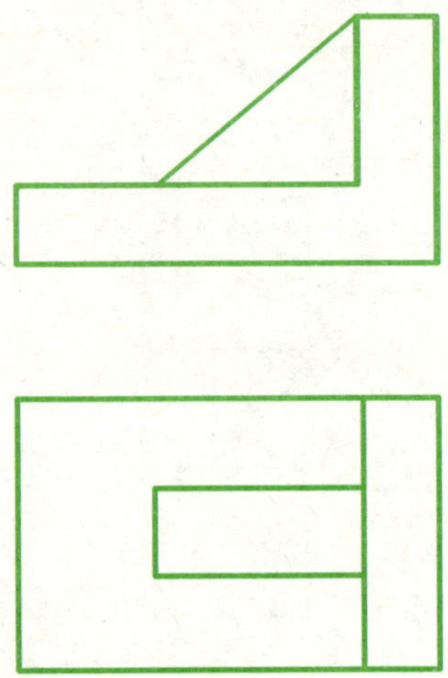

(2)

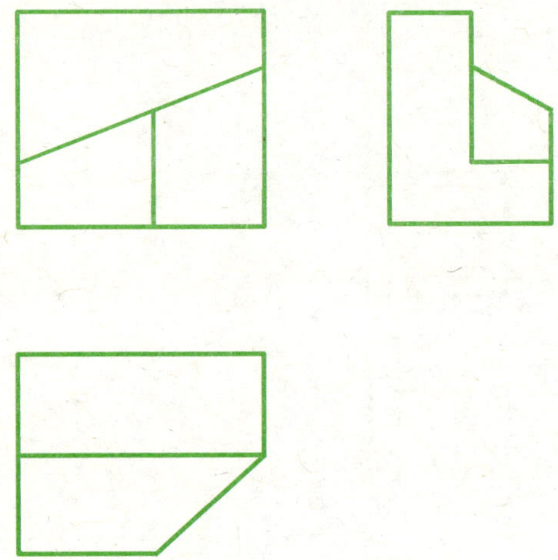

班级:　　　　学号:　　　　姓名:

(3)

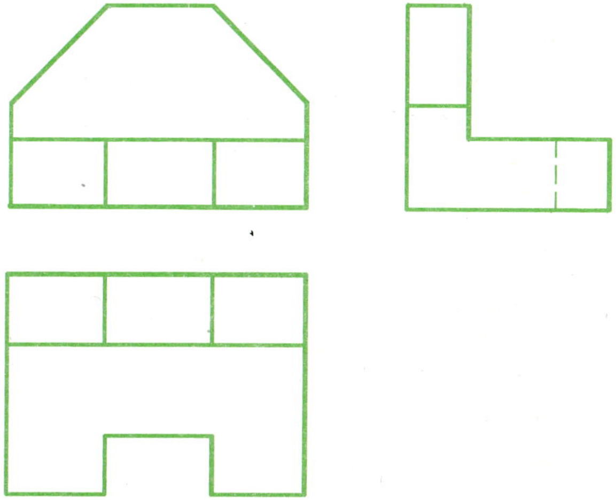

(4)

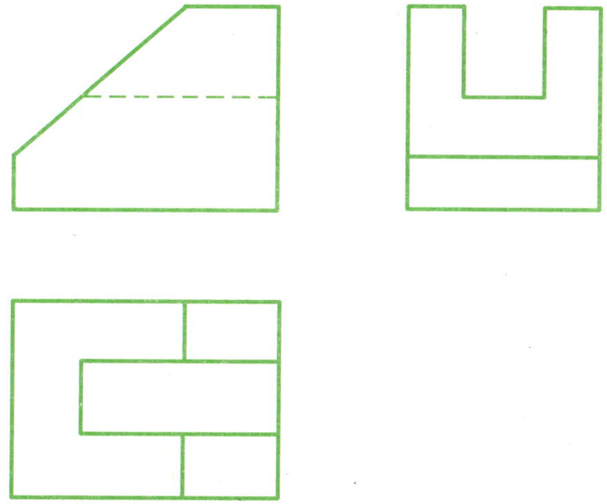

班级:　　　　学号:　　　　姓名:

(5)

(6)

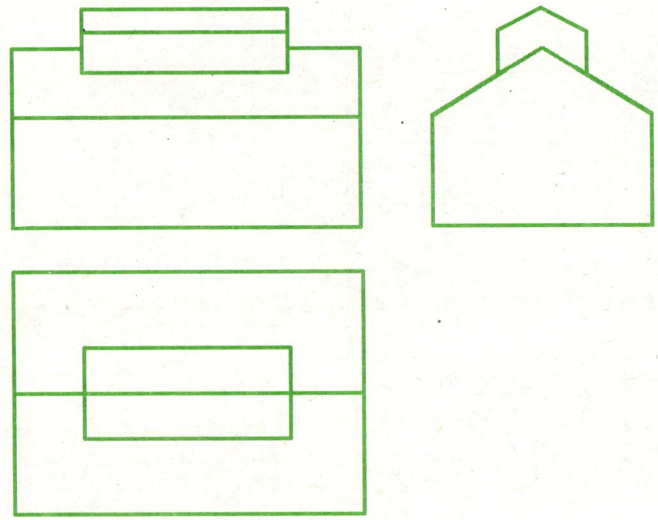

班级：　　　　学号：　　　　姓名：

（7）画圆柱截割体的正等轴测图。

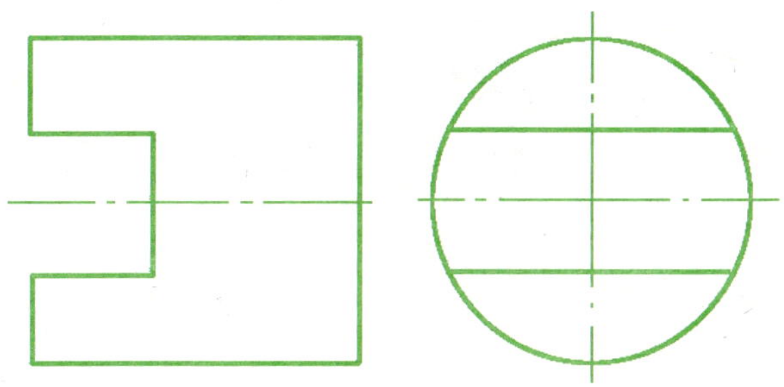

（8）画水池的正等轴测图。

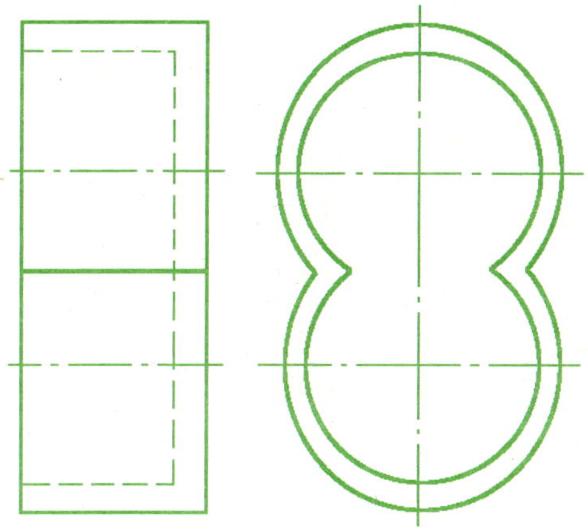

班级:　　　　学号:　　　　姓名:

5-2　根据形体的两面投影图，画出其正面斜二轴测图

(1) 绘出花格砖的正面斜二轴测图。

(2) 绘出月亮门的正面斜二轴测图。

5-3　画出休息地水平斜等轴测图

立面图

平面图(局部)

5-4　相贯线的轴测投影绘图

绘出圆柱相贯体的正等轴测图。

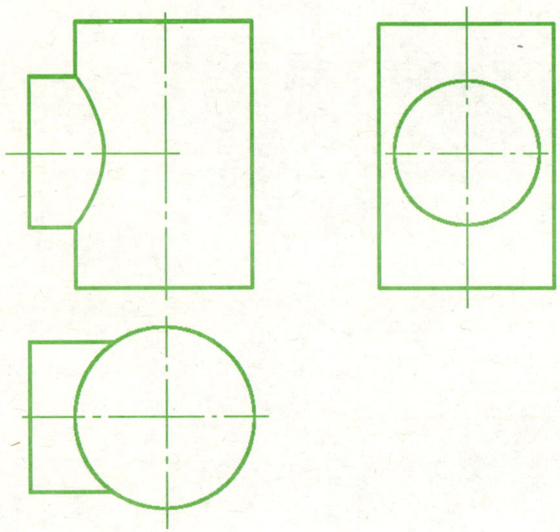

5-5　轴测剖面图绘图

绘出形体剖切 1/4 后的正等轴测图。

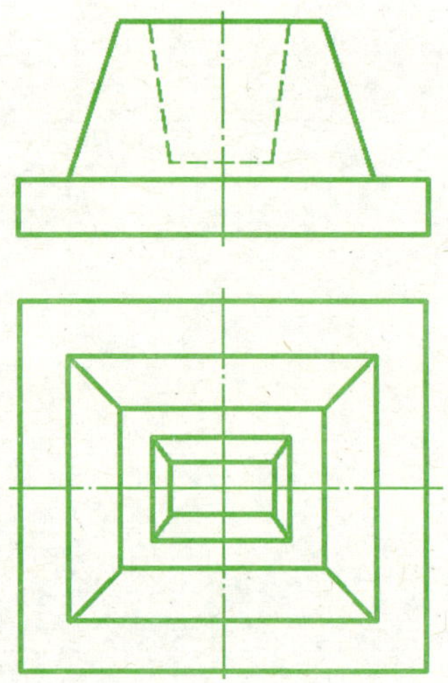

班级：　　　　学号：　　　　姓名：

5-6 徒手绘正等测图（按方格放大）

1.

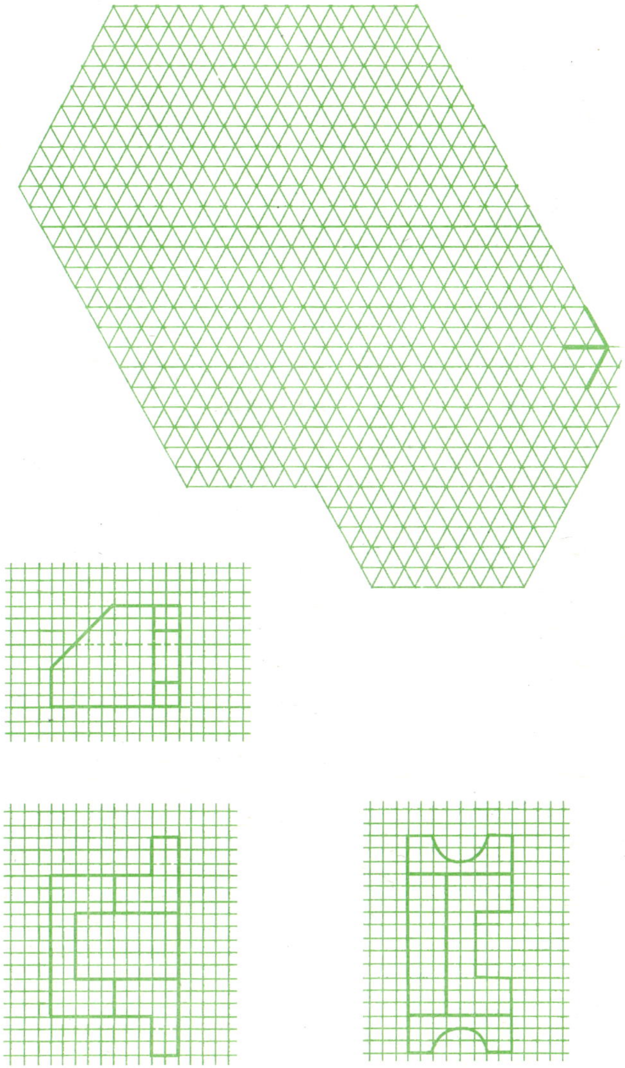

2.

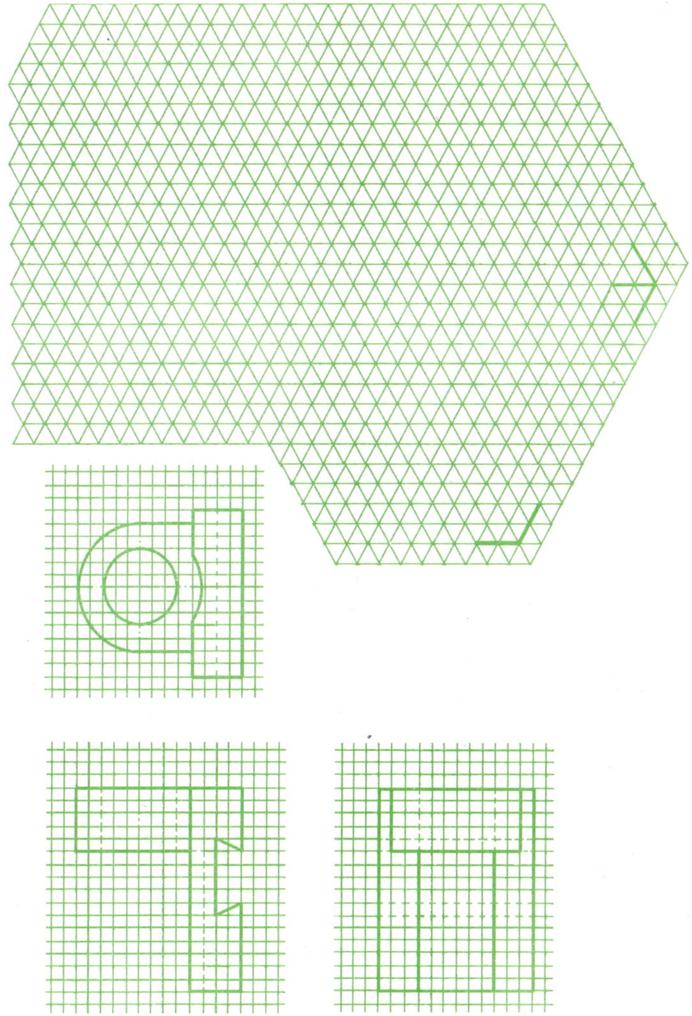

第六章　组合体

6–1　根据形体的立体图，画出三面投影图

1. 根据立体图徒手绘出形体的三面投影图草图。

(1)

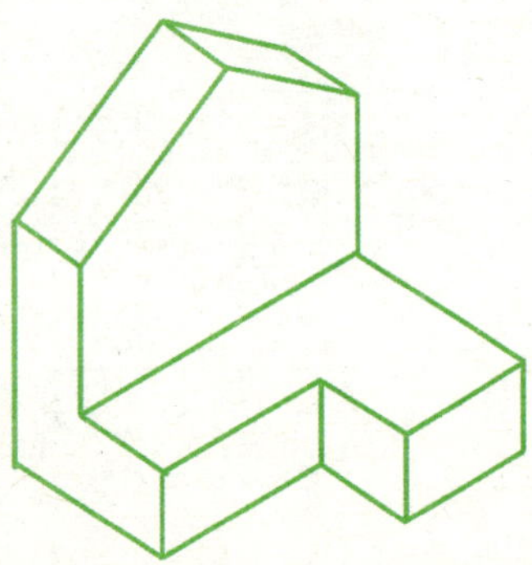

(2)

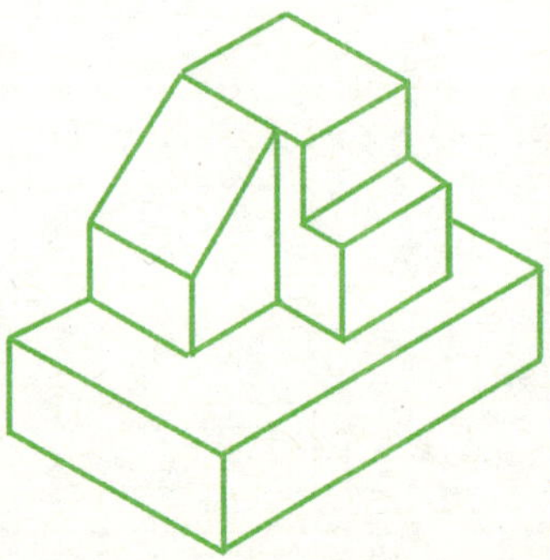

(3)

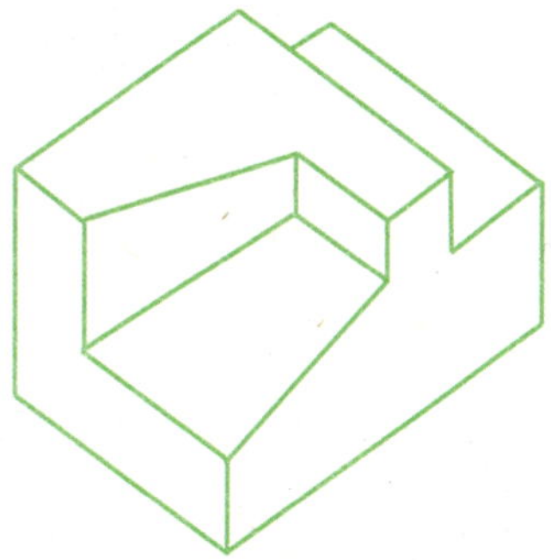

(4)

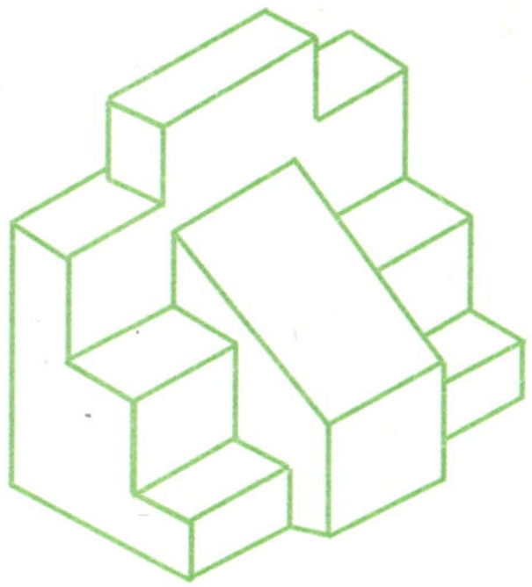

班级:　　　　　学号:　　　　　姓名:

2. 根据形体的立体图绘出三面投影图（比例 1:1，另用图纸），并标注尺寸。

(1)

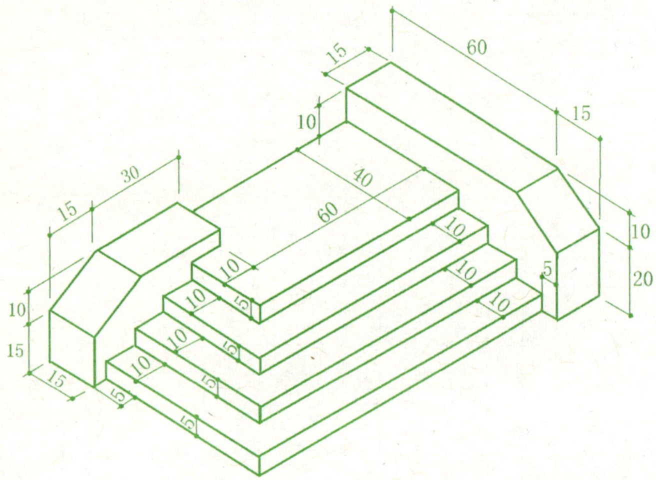

(2)

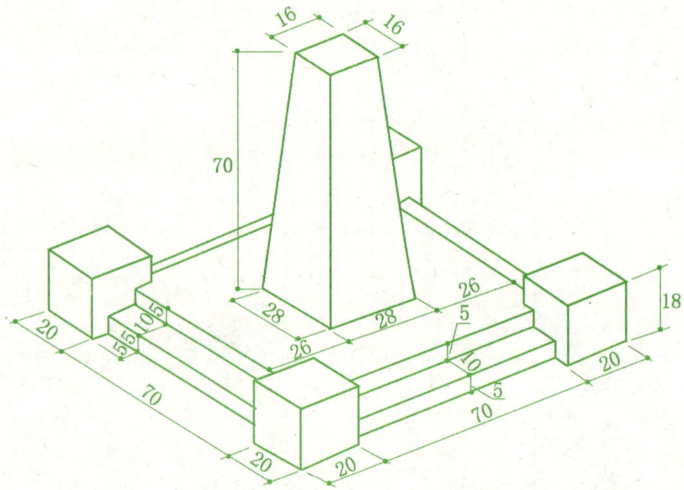

班级:　　　　学号:　　　　姓名:

6-2　根据形体的立体图完成三面投影图

1. 参照形体立体图补绘投影图中所缺图线。

(1)

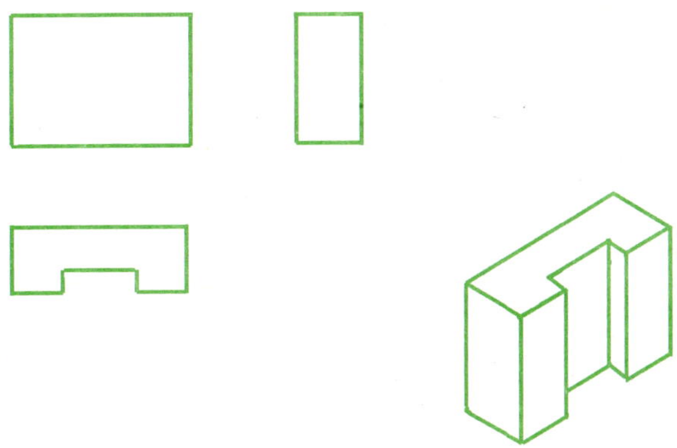

(2)

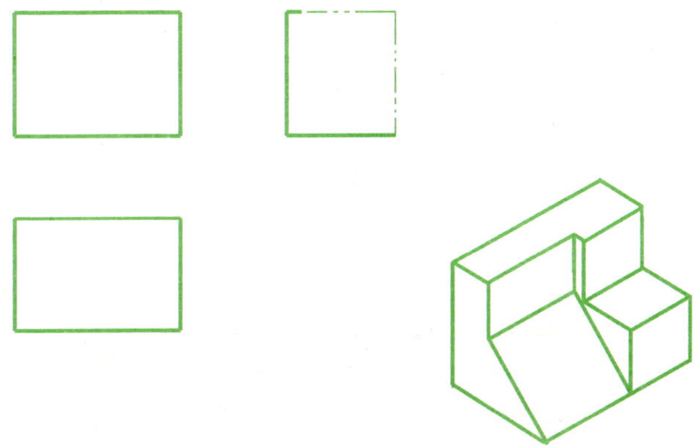

(3)

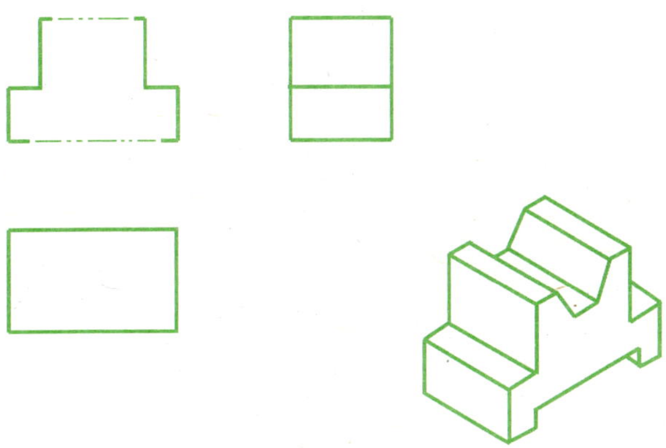

(4)

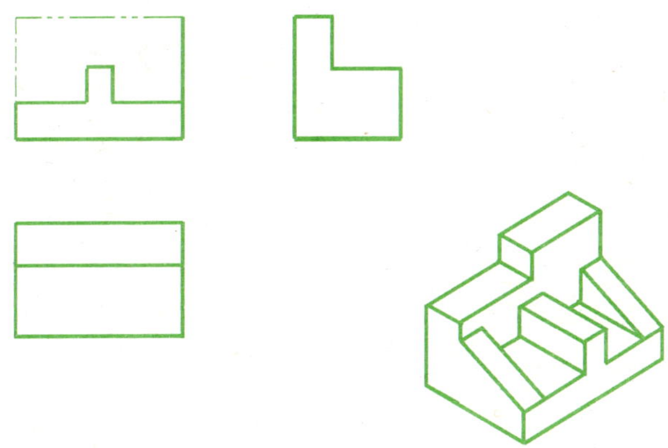

班级：　　　　学号：　　　　姓名：

2. 参照立体图补绘形体的第三面投影图。

(1)

(2)

(3)

(4)

班级：　　　　学号：　　　　姓名：

6-3　分析视图，并回答问题

1. 标记指定表面的另两个投影，比较它们的相对位置；且另画出图示表面 A 的形状，并回答问题。

（1）

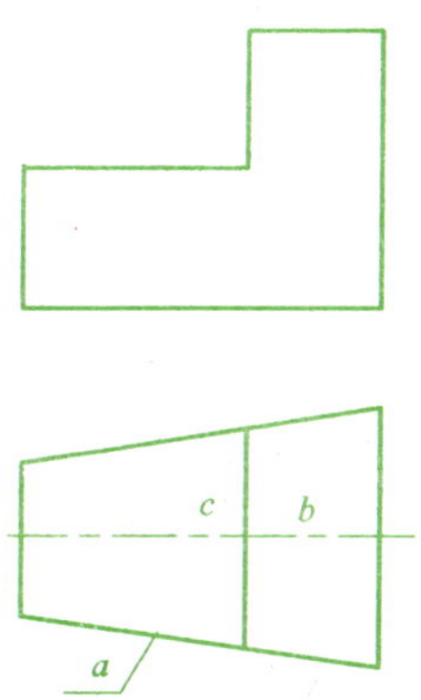

比较高低：面 B 高；面 C 低。

比较左右：面 D____；面 E____。

面 A 是铅垂面，其 H 面投影具有积聚性，V 面投影为相仿形，W 面投影为相仿形。

表面 A 的形状如下图所示（实形）：

（2）

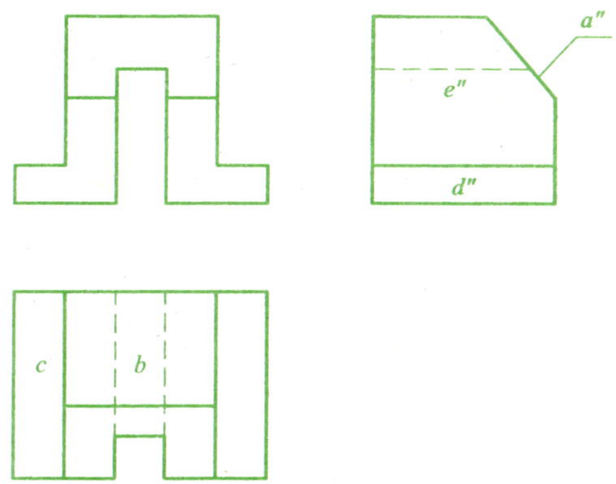

比较高低：面 B__；面 C__。

比较左右：面 D__；面 E__。

面 A 是_____面；H 面投影为_____；V 面投影为_____。W 面投影具有_____。

面 A 形状如下图所示（实形）：

班级：　　　　学号：　　　　姓名：

2. 分析投影图，画出第三投影图，并回答问题。

(1)

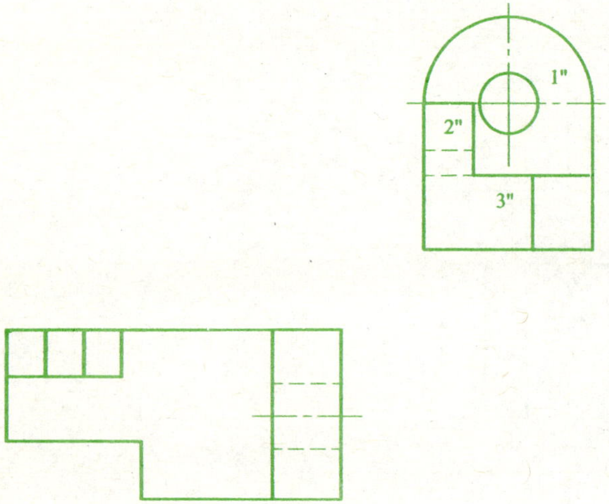

组成方式：叠加式；组成的基本形体：Ⅰ、Ⅱ、Ⅲ。

基本形体间的位置关系：

高低：形体Ⅰ、Ⅱ的底面叠加于底板Ⅲ顶面；

前后：形体Ⅰ、Ⅱ的后面与底板后面平齐；

左右：形体Ⅱ的左侧面和形体Ⅰ的右侧面分别与底板Ⅲ的左、右侧面平齐。

(2)

组成方式：＿＿＿＿＿。

组成的基本形体：＿＿＿＿＿。

基本形体间的位置关系：

＿＿＿＿＿＿＿＿＿＿＿＿＿＿＿＿＿＿＿＿。

＿＿＿＿＿＿＿＿＿＿＿＿＿＿＿＿＿＿＿＿。

＿＿＿＿＿＿＿＿＿＿＿＿＿＿＿＿＿＿＿＿。

6-4 补绘形体三面投影图中所缺图线

(1)

(2)

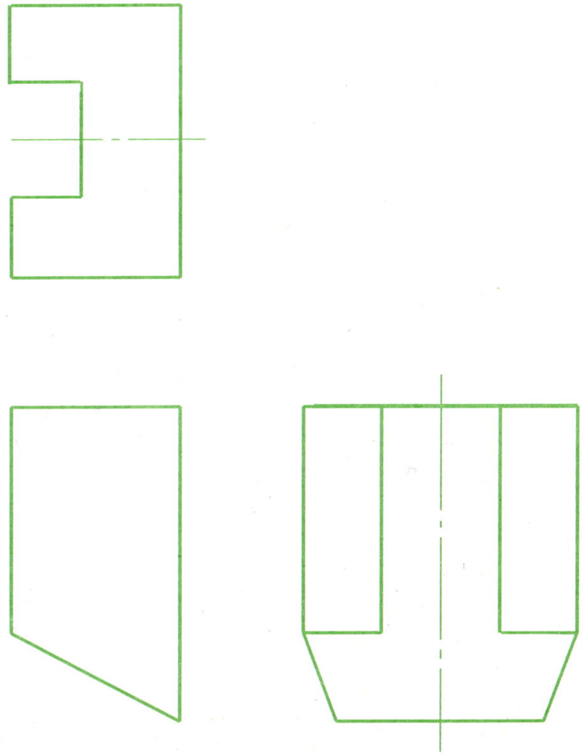

(3)

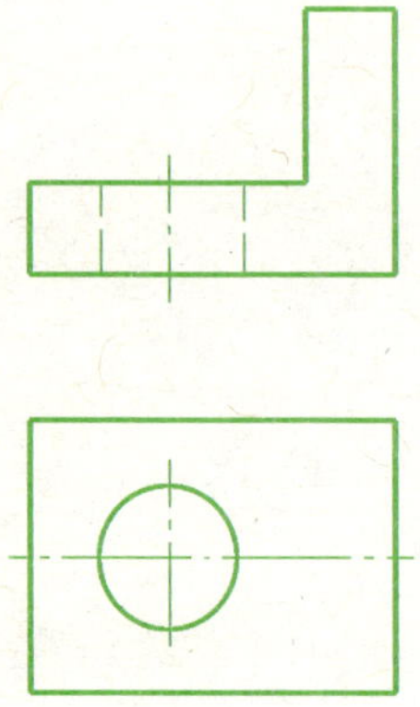

(4)

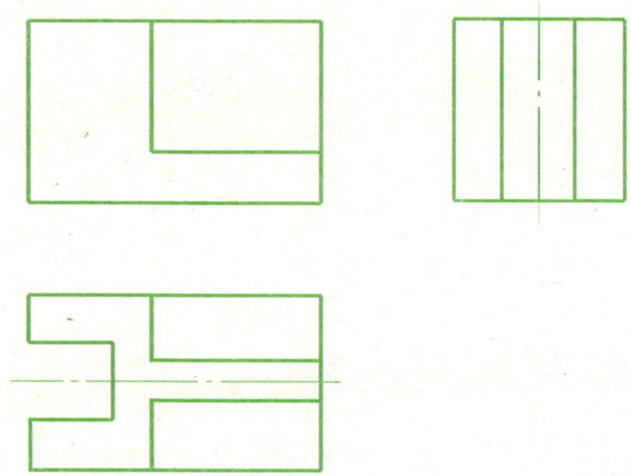

(5)

(6)

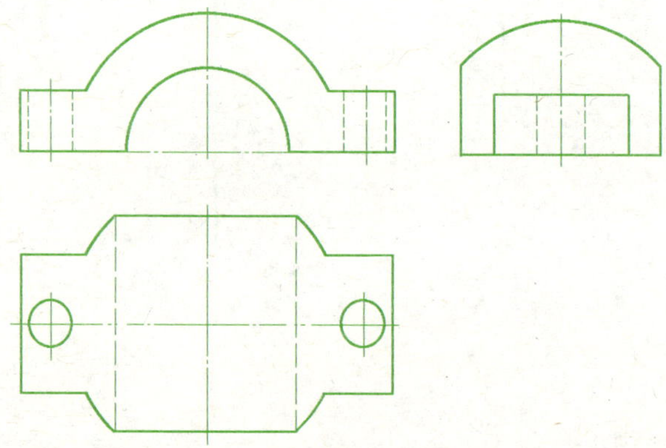

班级：　　　　学号：　　　　姓名：

6-5　根据形体的两面投影图画第三投影

(1)

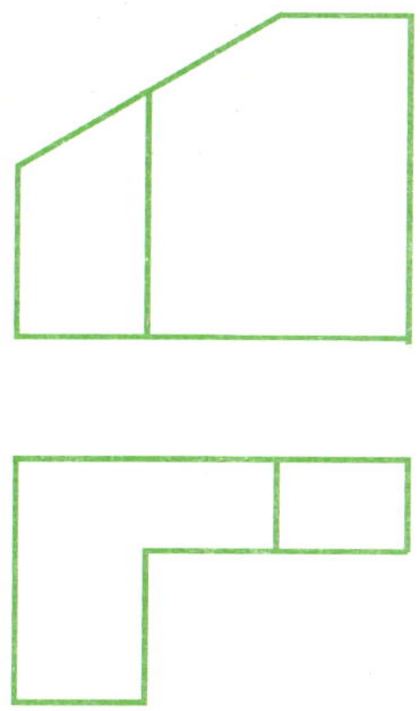

(2)

(3)

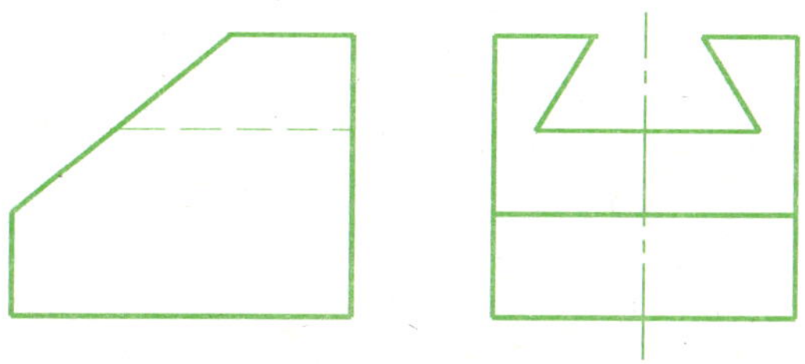

(4)

(5)

(6)

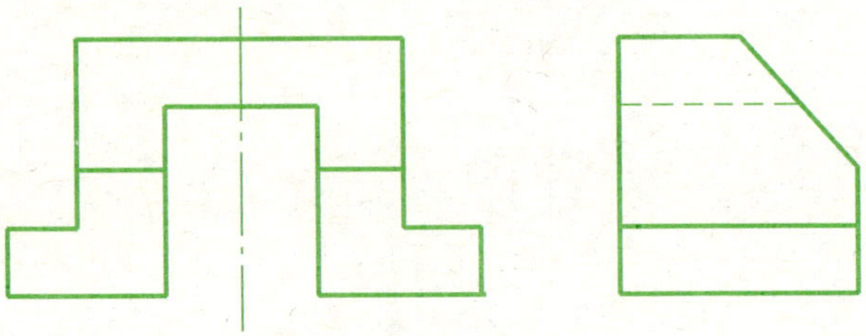

(7)

(8)

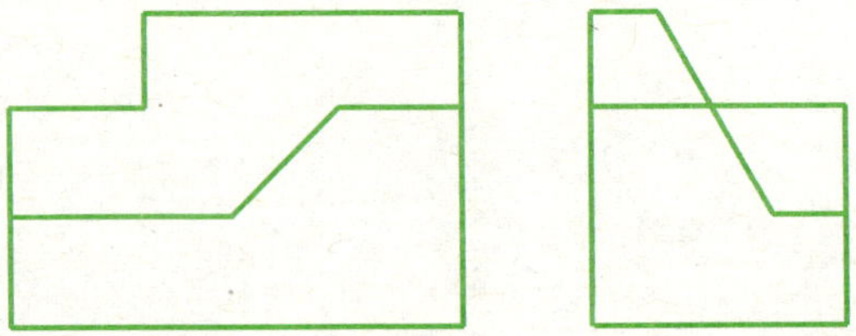

班级：　　学号：　　姓名：

(9)

(10)

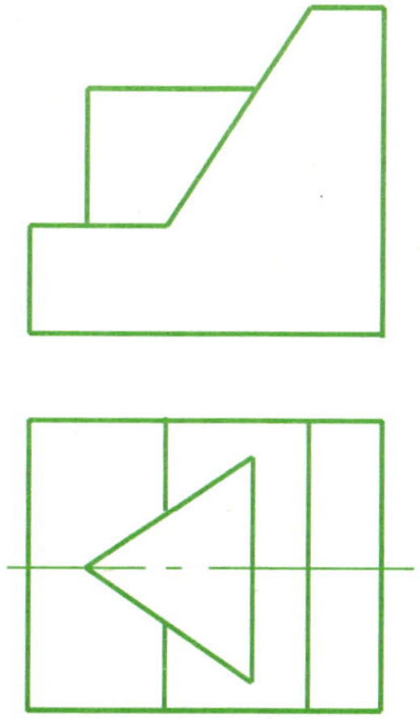

(11)

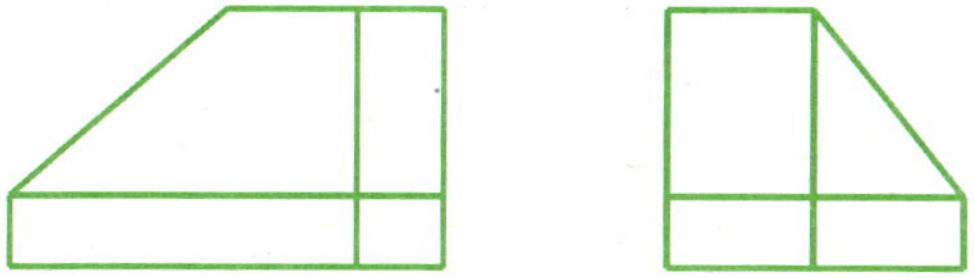

(12)

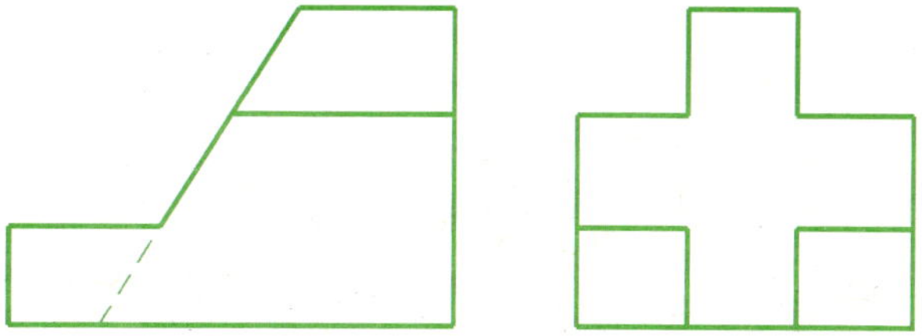

(13)

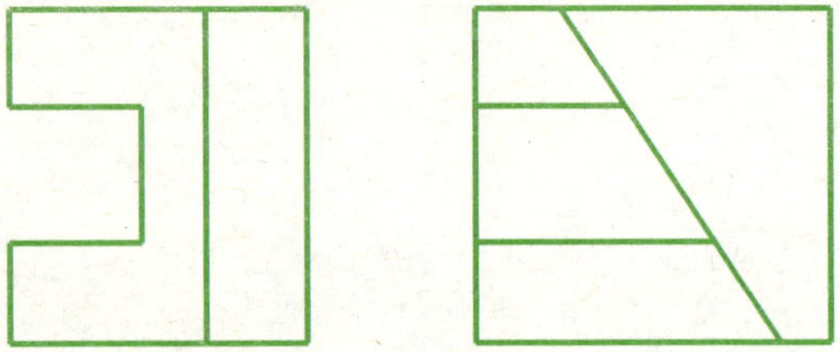

(14)

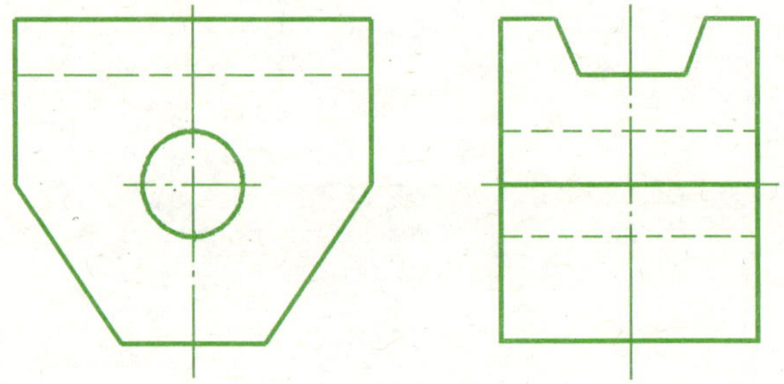

(15)

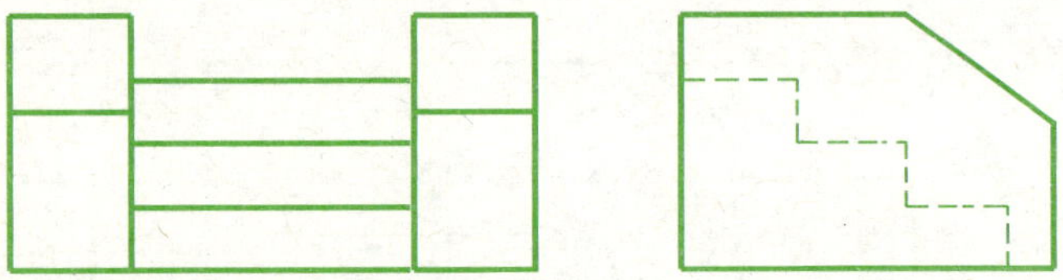

(16)

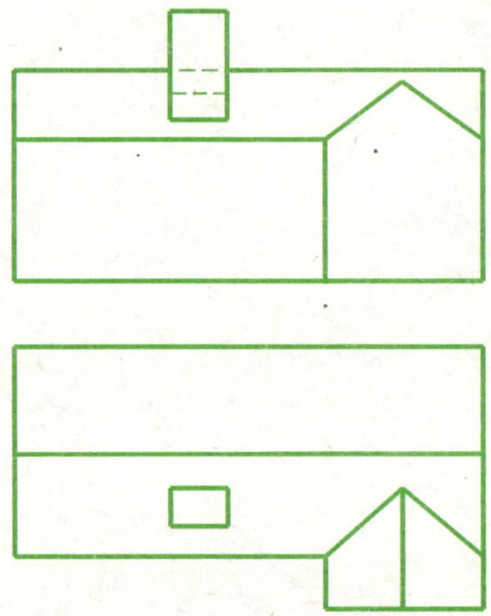

班级:　　　学号:　　　姓名:

(17)

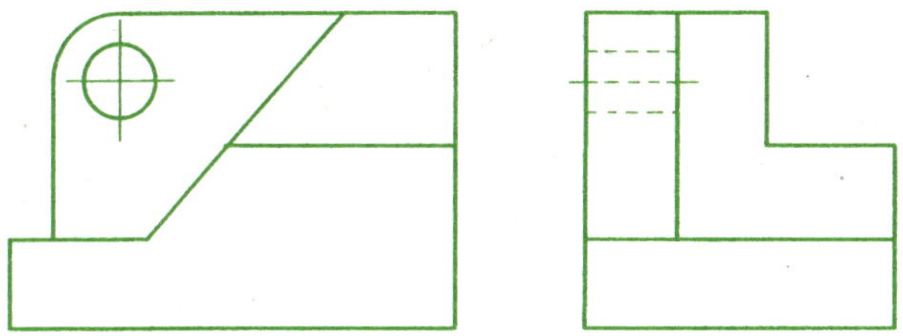

(18)

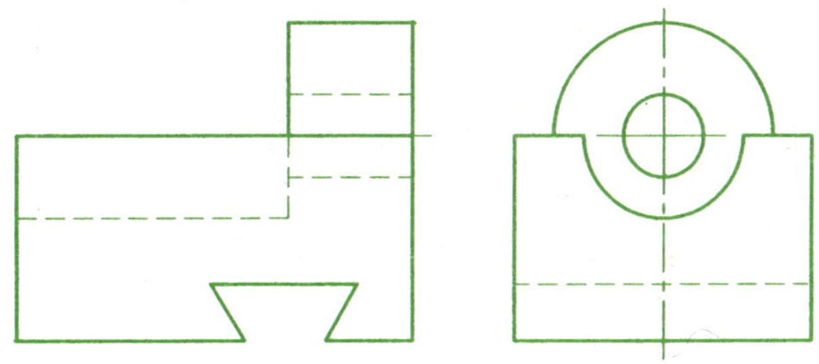

(19)

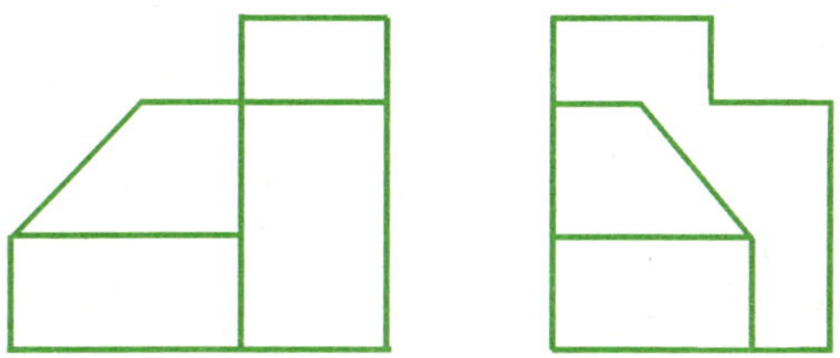

(20)

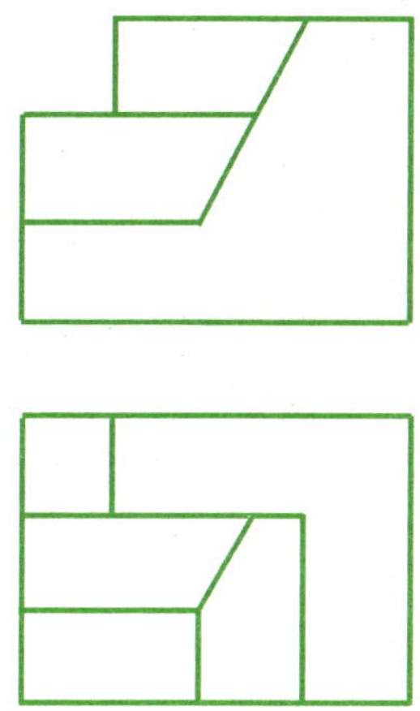

班级:　　　　学号:　　　　姓名:

(21)

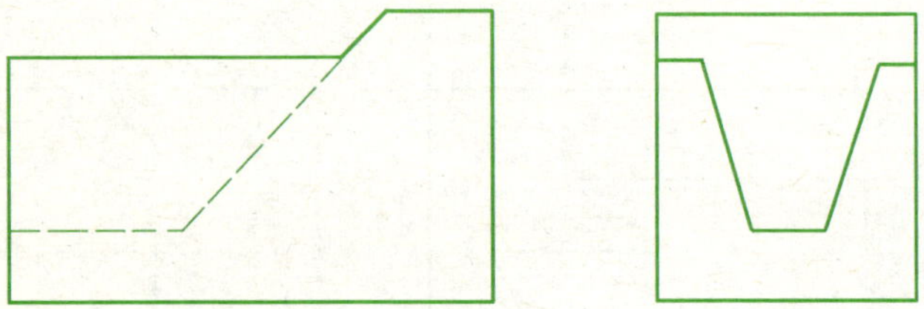

(22)

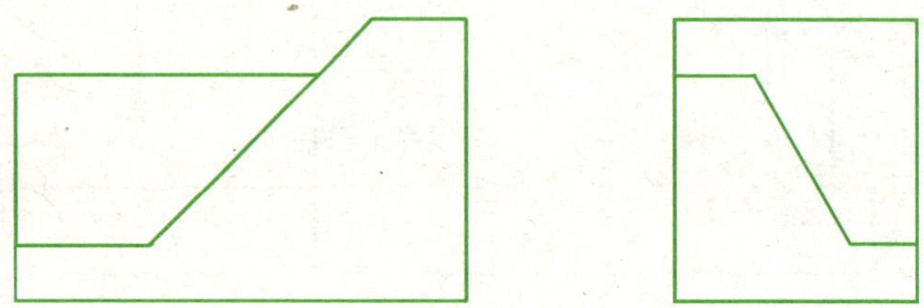

(23)

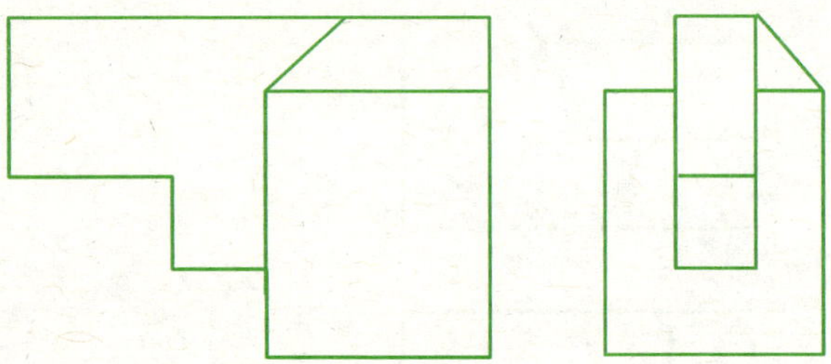

(24)

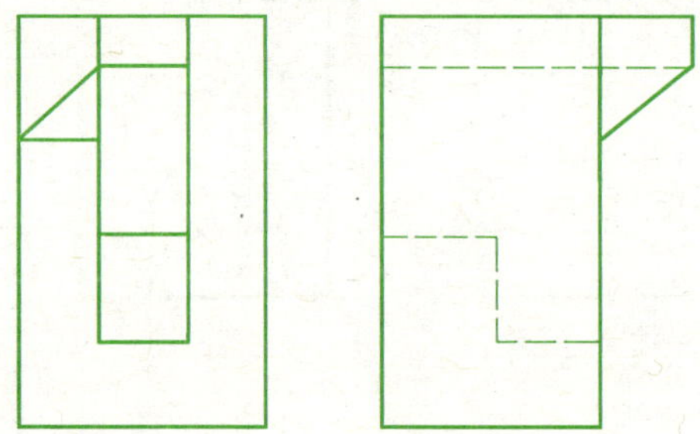

班级：　　　　学号：　　　　姓名：

6-6　画形体的第三投影图和轴测图（画出多种答案中的两种）

（1）

（2）

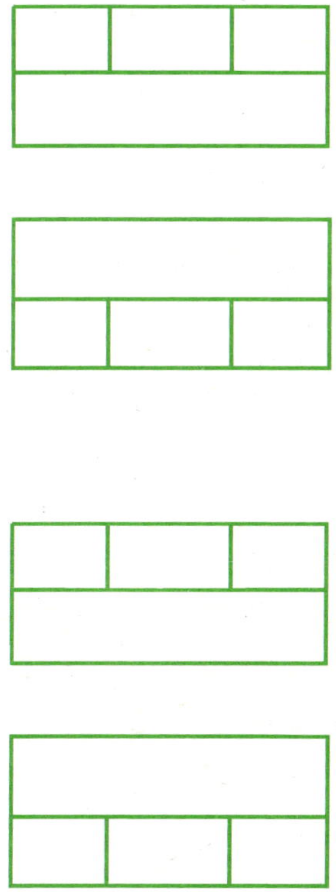

班级:　学号:　姓名:

第七章　形体的表达方法

7-1　视图

1. 补画右侧立面图和背立面图。

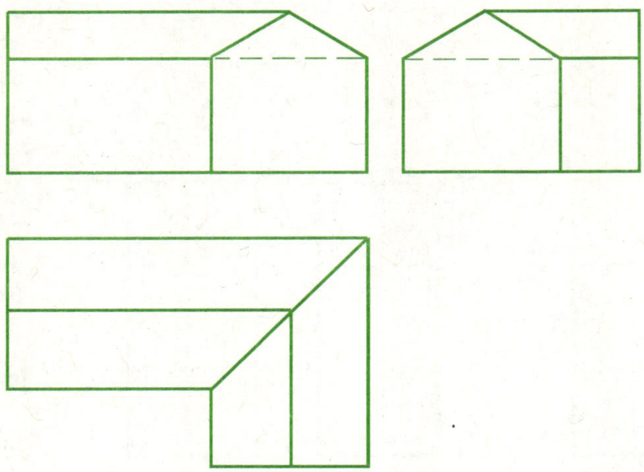

2. 补画右侧立面图和背立面图。

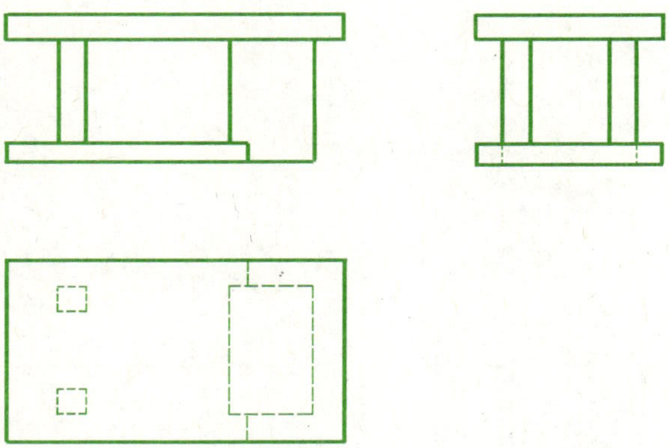

3. 作梁板柱接头的镜像视图。

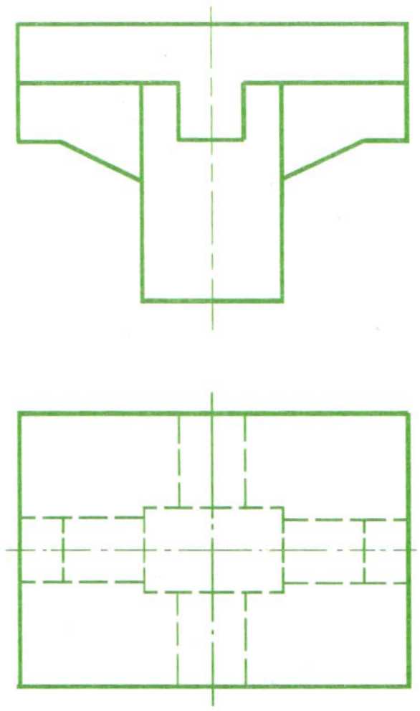

7-2　剖面图

1. 画出形体的 1—1、2—2 剖面图。

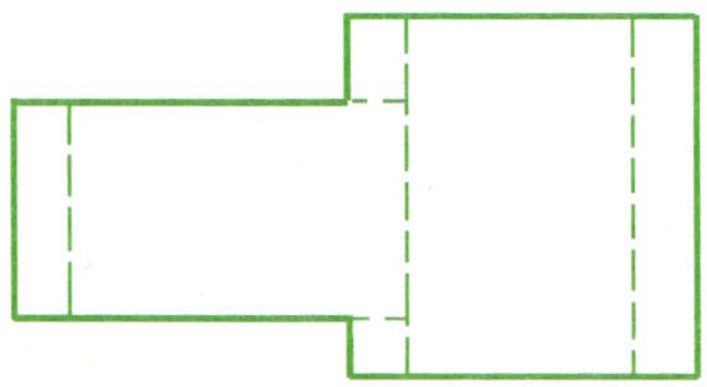

1—1剖面图

2—2剖面图

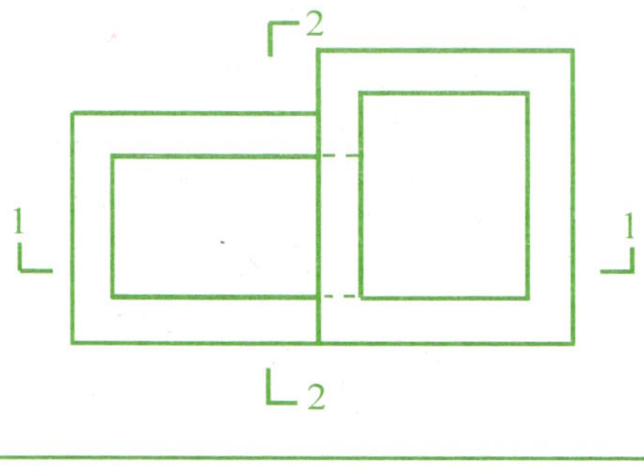

班级：　　　　学号：　　　　姓名：

2. 画出形体的 1—1、2—2 剖面图。

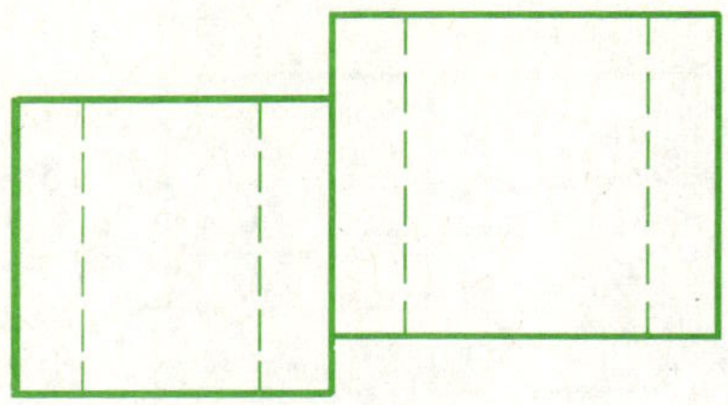

1—1剖面图

2—2剖面图

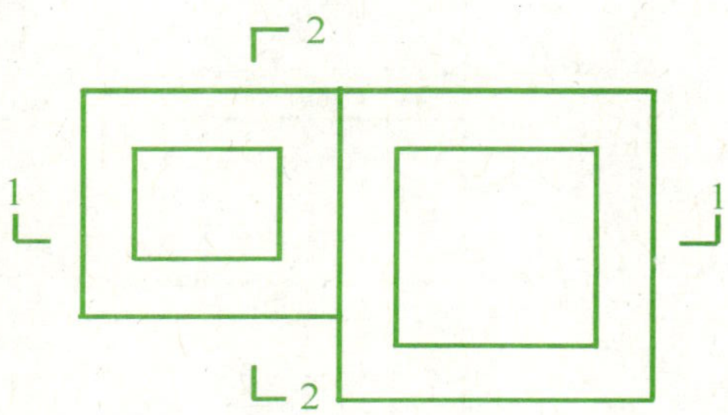

3. 在指定位置作 1—1 旋转剖面。

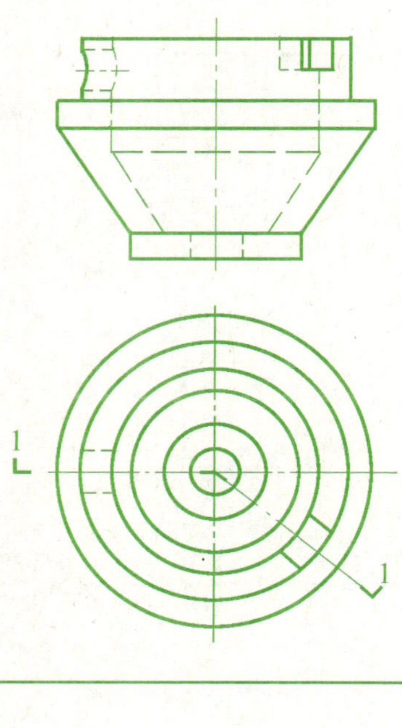

1—1剖面图(展开)

4. 将正立面图改为 1—1 剖面图。

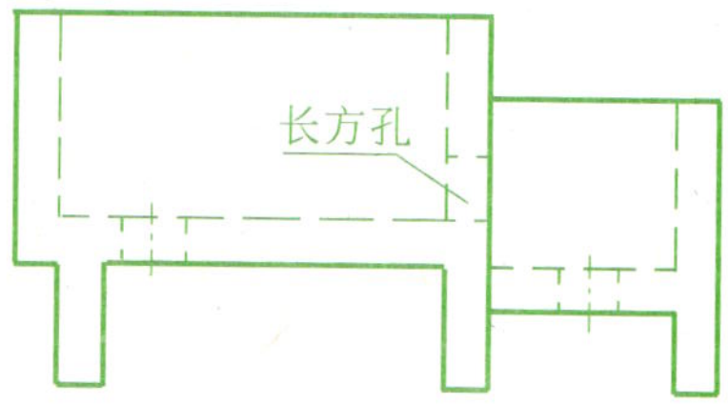

1—1剖面图

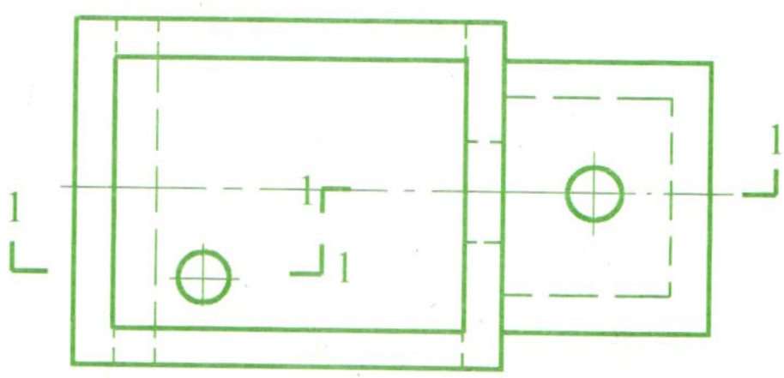

5. 画出房屋模型的 2—2、3—3 剖面图。

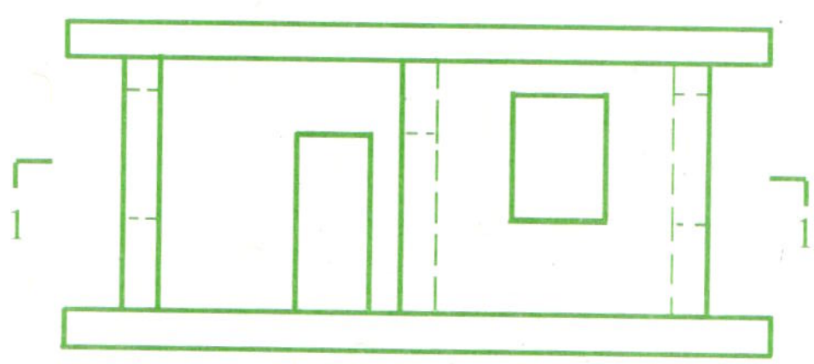

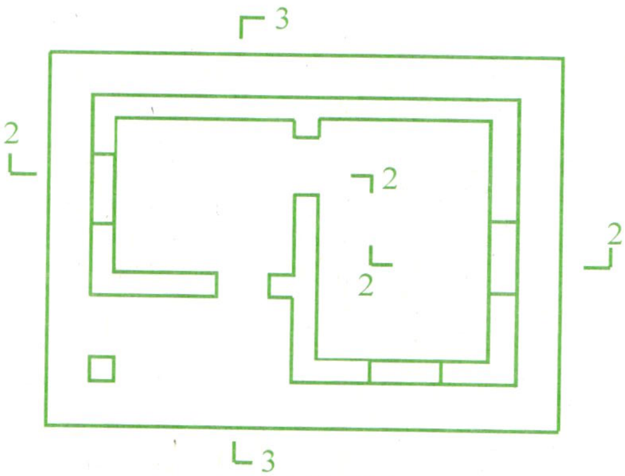

1—1剖面图

班级：　　　　学号：　　　　姓名：

7–3　断面图

画出构件的 1—1、2—2、3—3 断面图。

(1)

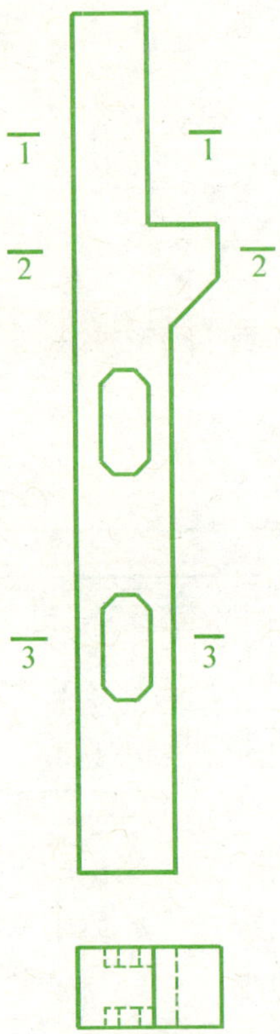

(2)

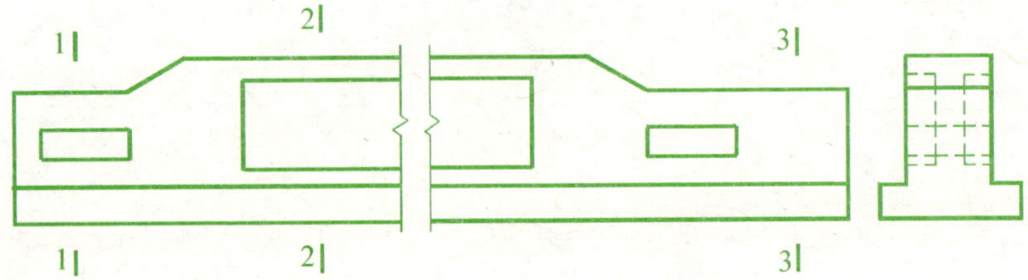

班级：　　　　学号：　　　　姓名：

第八章　园林建筑图

8-1　建筑图基本知识

1. 设粗实线的宽度为 b，试将图示楼梯平面图中各种图线的相对宽度比例注写在括号内。

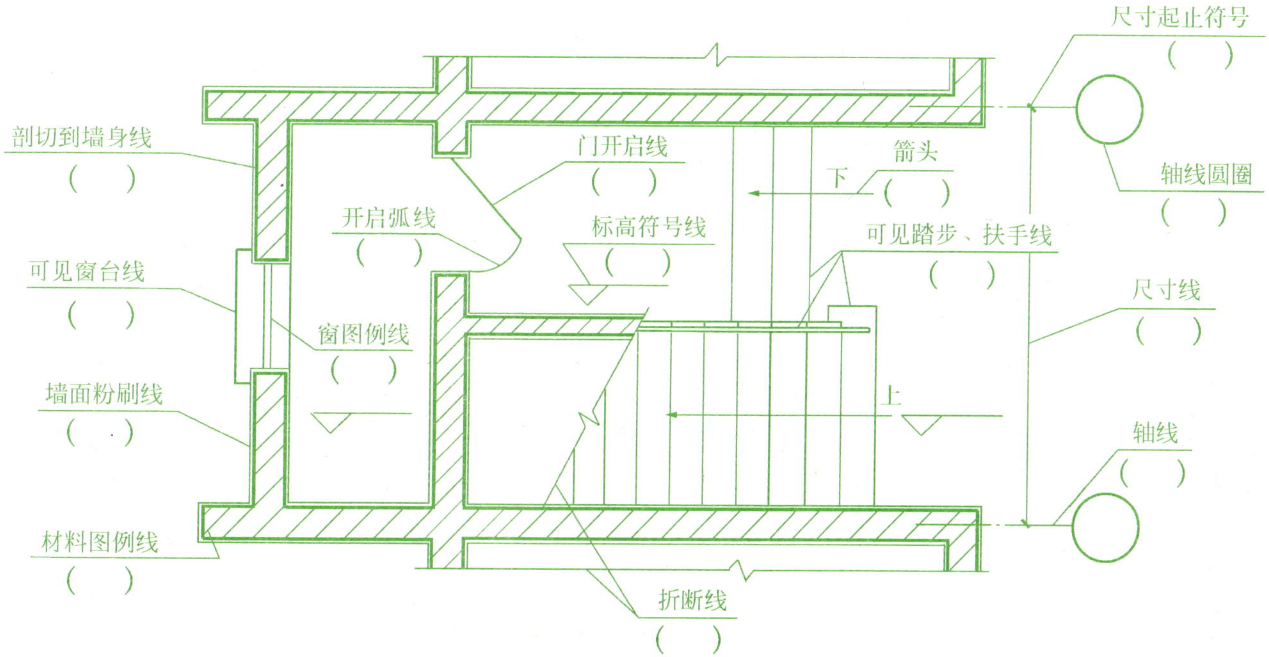

2. 画出下列建筑材料的图例。

（1）自然土壤

（2）普通砖

（3）混凝土

（4）钢筋混凝土

（5）毛石

3. 说明下列符号的意义。

(1) 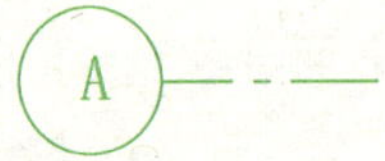

(2) 

(3) 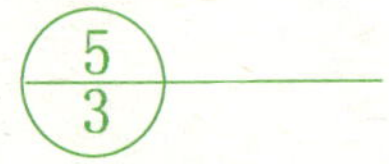

(4) 

(5) Ø6@150

4. 用标高符号标注出窗洞上（窗过梁底面）、下沿（窗台面）离零点标高（上、下沿离零点标高分别为：2700 mm、900 mm）。

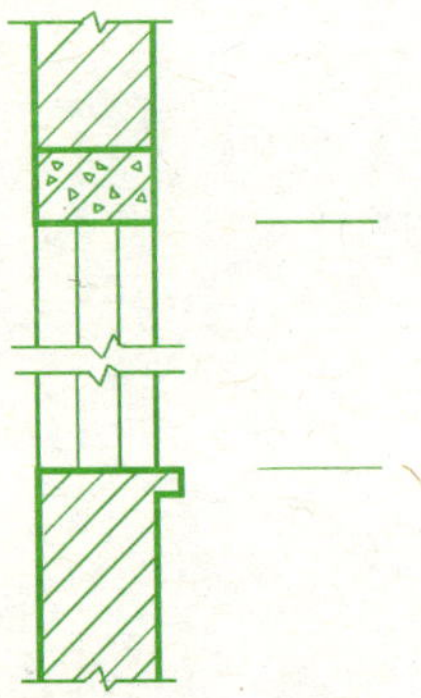

5. 画出施工图中的下列符号。

（1）指北针

（2）室外标高零点以下 0.5 m

（3）编号为 5 的详图剖面索引符号（详图画在本页图纸内）

（4）喷泉

（5）花架

8-2 建筑施工图

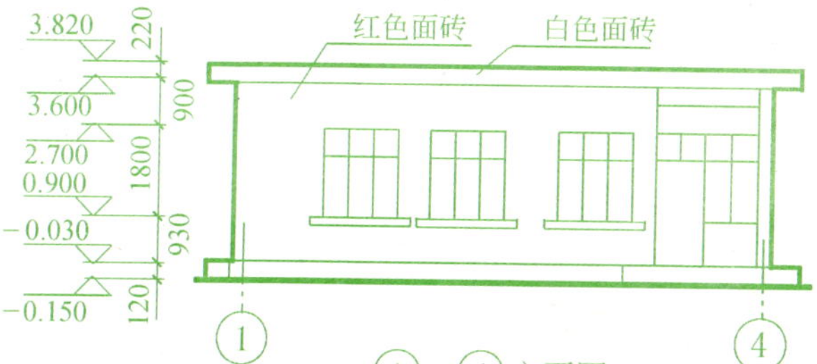

①—④立面图 1:100

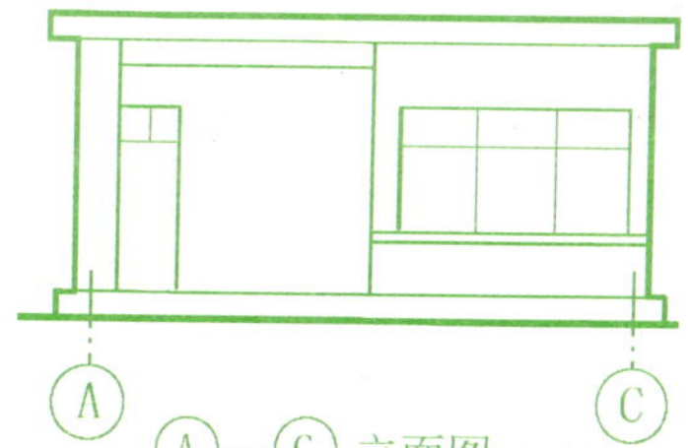

Ⓐ—Ⓒ立面图 1:100

④—①立面图 1:100

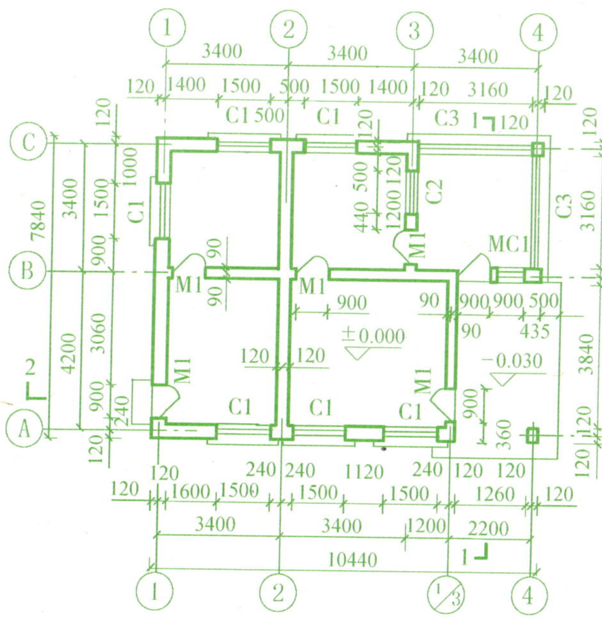

平面图 1:100

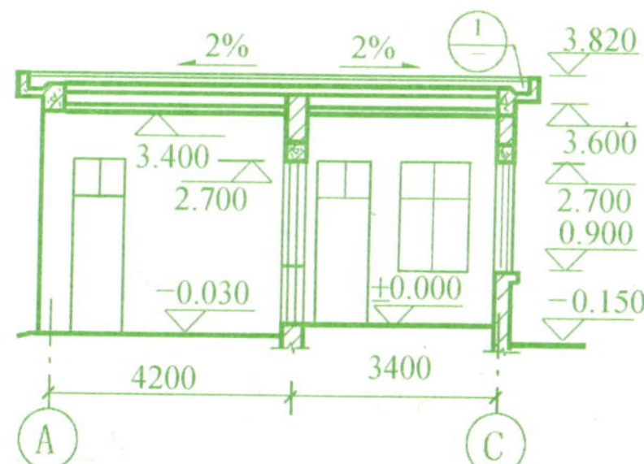

1—1剖面图 1:100

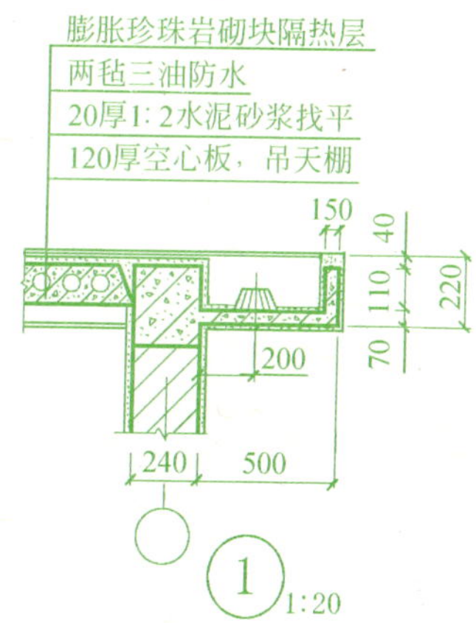

类别	代号	宽×高	数量	类别	代号	宽×高	数量
窗	C1	1500×1800	6	门	M1	900×2700	6
	C2	1200×1800	1	门连窗	MC1	900×2700	1
	C3	3160×1800	2			900×1800	

作业要求：

1. 抄绘各图，补充剖面图尺寸。
2. 补绘2—2剖面图，标注标高。
3. 采用A3幅面图纸。
4. 其他内容自由选择。

8-3　亭的建筑施工图

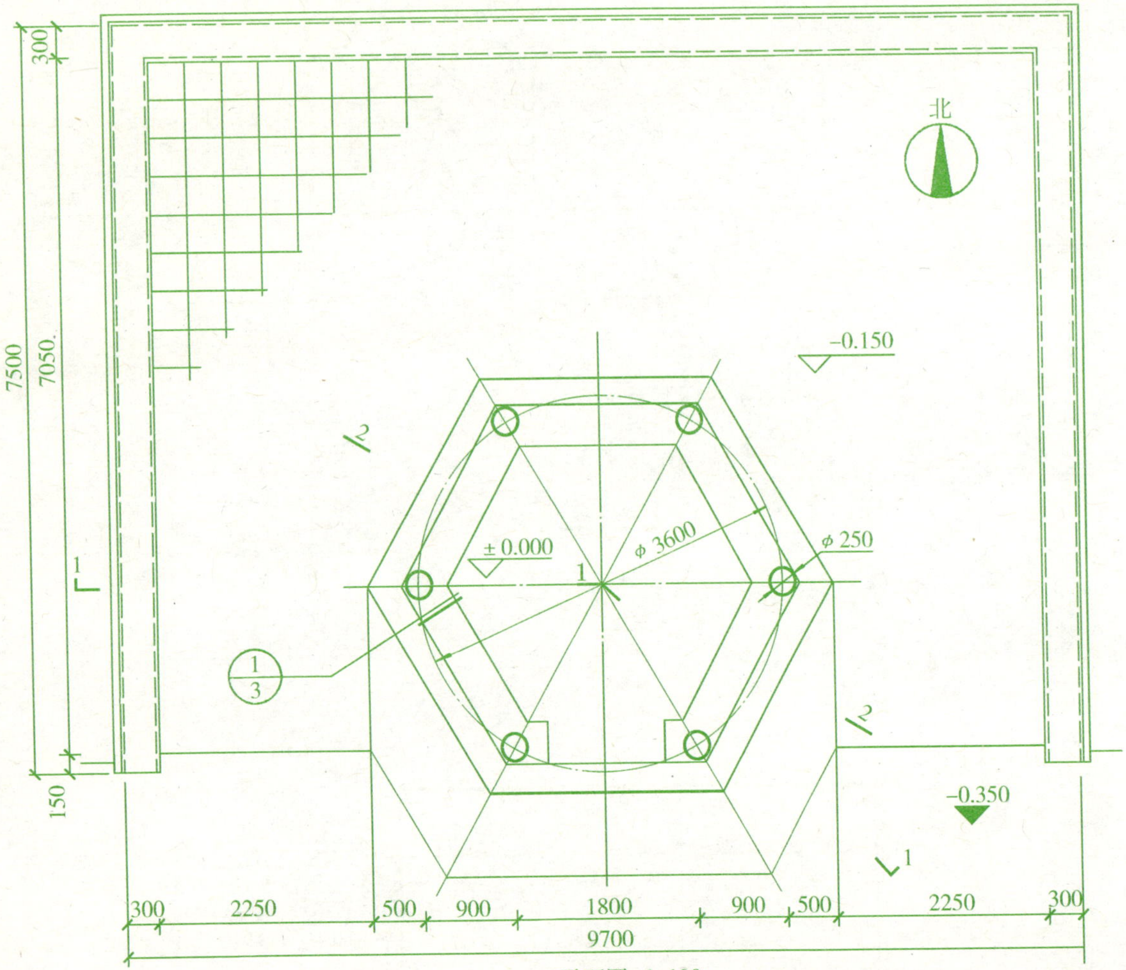

平面图　1:100

第74、75、76页所示为一上四角、下六角重檐亭。该亭采用框圈式构造，上下各一道框圈梁用斜背梁支撑，形成了刚度极好的框圈梁，试绘制其建筑施工图。

该亭为白柱绿瓦、玻璃片砌出檐间环窗。其他未给定材料由教师教学时补充。

班级:　　　　　　学号:　　　　　　姓名:

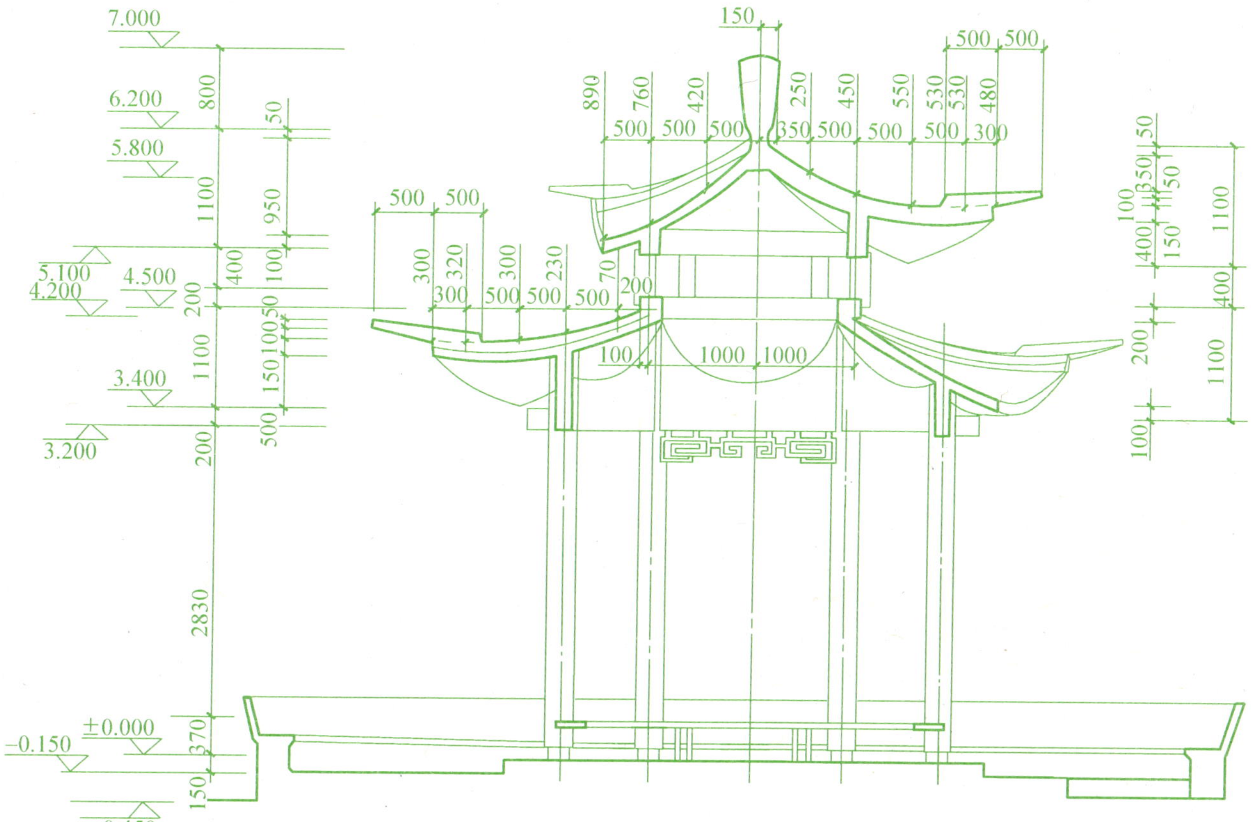

1—1剖面图　1:100

班级:　　　　　　学号:　　　　　　姓名:

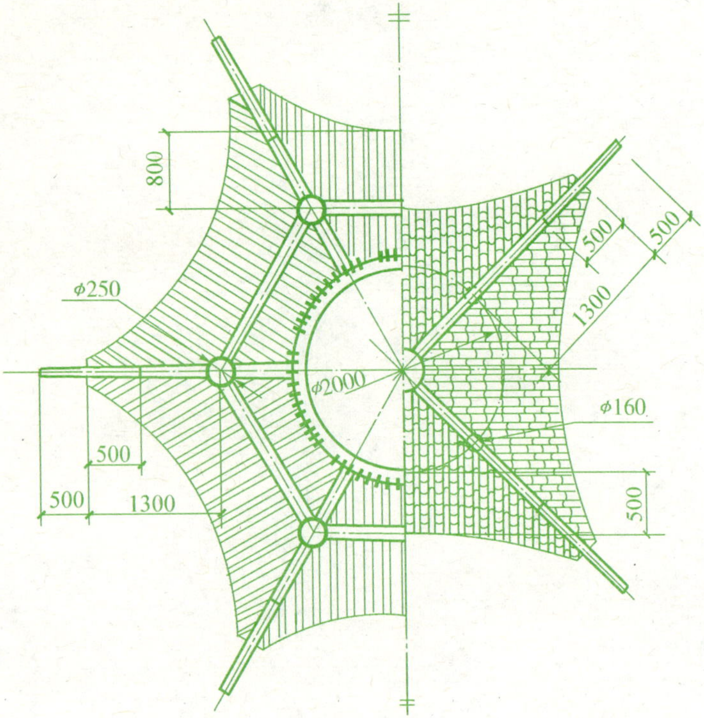

天花 1:100　　　　亭顶 1:100

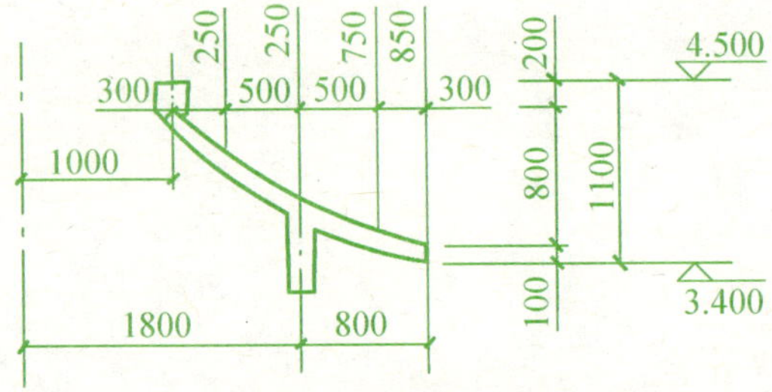

2—2 1:100

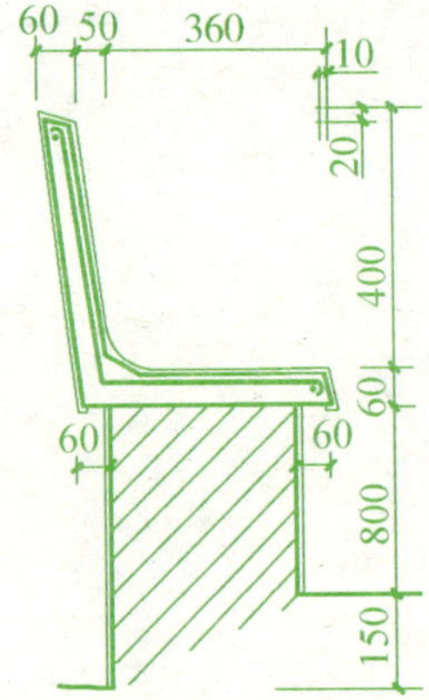

① 坐栏大样 1:50

8-4　园林小品

1. 阅读花架平、立面图，1-1 剖面图及详图（第 77、78 页），按 1:100 比例绘图。

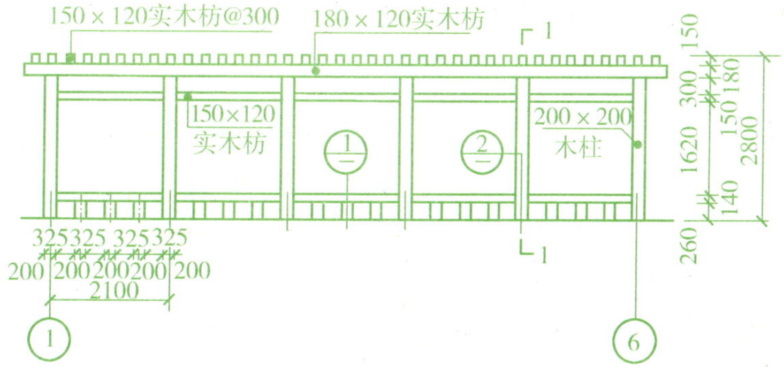

立面图 1:100

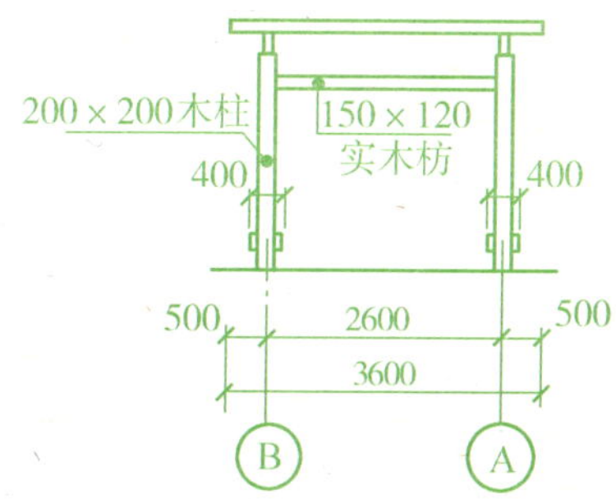

1—1剖面图 1:100

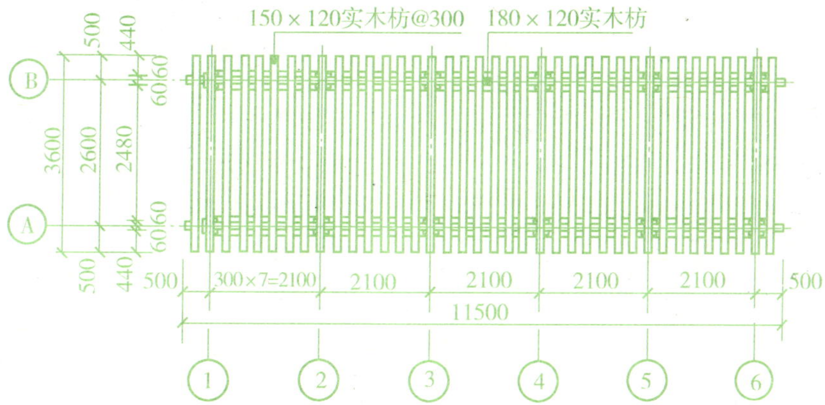

平面图 1:100

班级：　　　　　学号：　　　　　姓名：

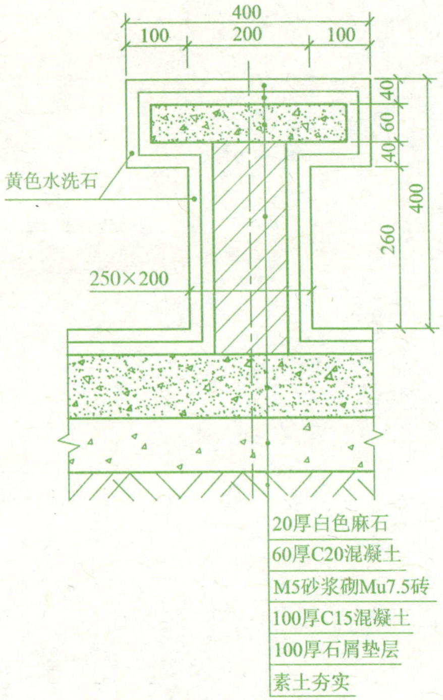

① 坐凳详图 1 : 10

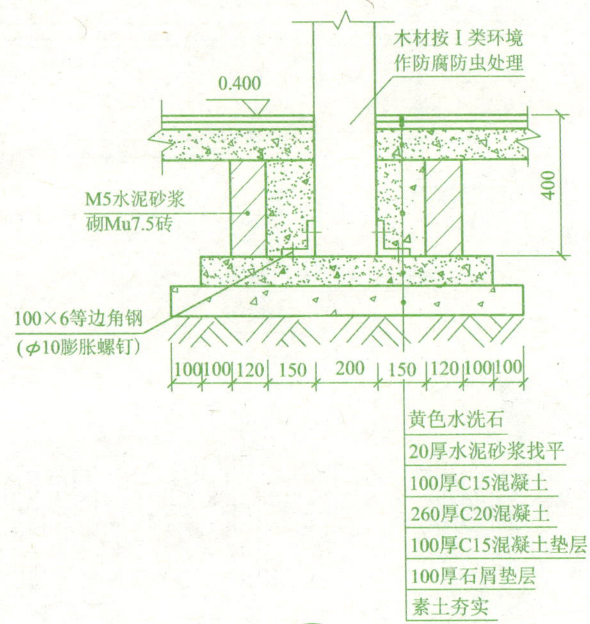

② 木柱基础 1 : 20

2. 阅读花坛、坐凳组合的平、立面图和详图（第 80 页），并按图示比例绘图。

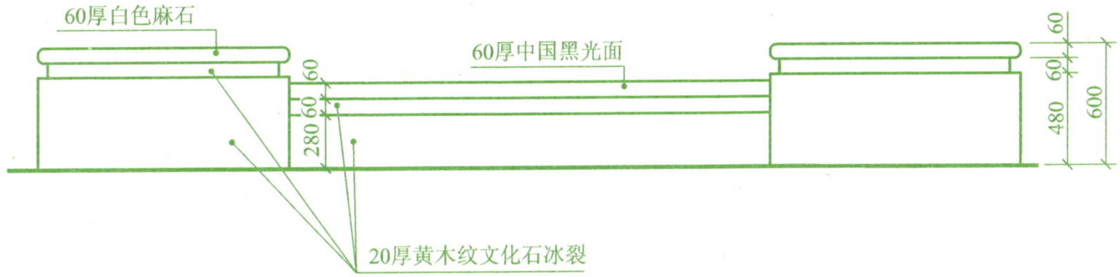

立面图 1 : 30

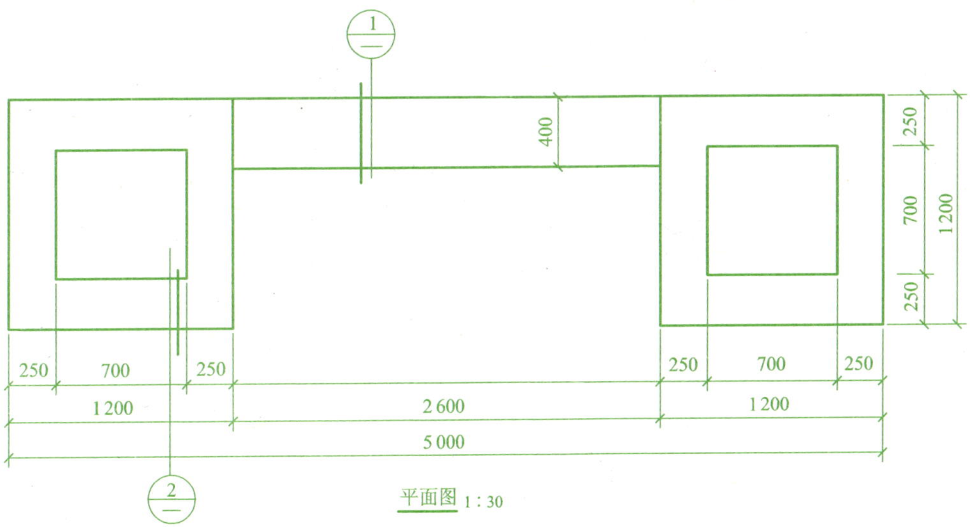

平面图 1 : 30

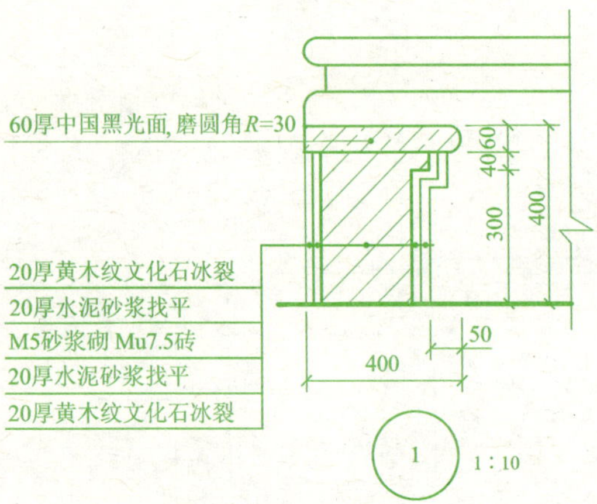
60厚中国黑光面, 磨圆角R=30
60
40
300
400
20厚黄木纹文化石冰裂
20厚水泥砂浆找平
M5砂浆砌 Mu7.5砖
20厚水泥砂浆找平
20厚黄木纹文化石冰裂
50
400
1
1：10

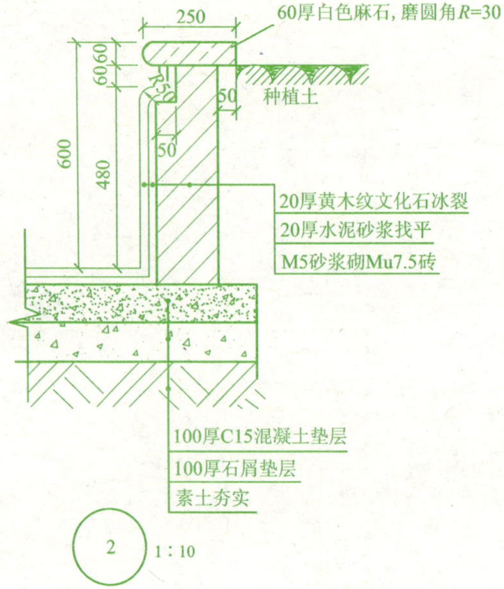
250
60厚白色麻石, 磨圆角R=30
60
60
R50
50
种植土
600
480
50
20厚黄木纹文化石冰裂
20厚水泥砂浆找平
M5砂浆砌Mu7.5砖
100厚C15混凝土垫层
100厚石屑垫层
素土夯实
2
1：10

第九章　园林工程图

阅读第 82～85 页所示以伞亭与花架为主体的小游园的平面图及立面图，并结合有关说明，全面了解小游园的整体规划布局和景物的具体平面位置和朝向，以及植物的种植配置，试完成下列绘图：

1. 绘制小游园的整体规划设计图和立面图；

2. 绘制小游园的铺地、园路工程施工图（铺地为卵石铺地，园路为碎石路面）；

3. 绘制小游园的水体工程施工图，注意喷泉的表示；

4. 绘制小游园的绿化种植工程施工图；

5. 绘制小游园的园林小品施工图（也可选择绘制 1～2 种）。

(1) 伞亭建筑施工图；

(2) 小桥施工图；

(3) 花架施工图；

(4) 喷泉施工图。

6. 用网格法绘出小游园的成角鸟瞰透视图（可参考第 85 页小游园示意图）。

班级：　　　　学号：　　　　姓名：

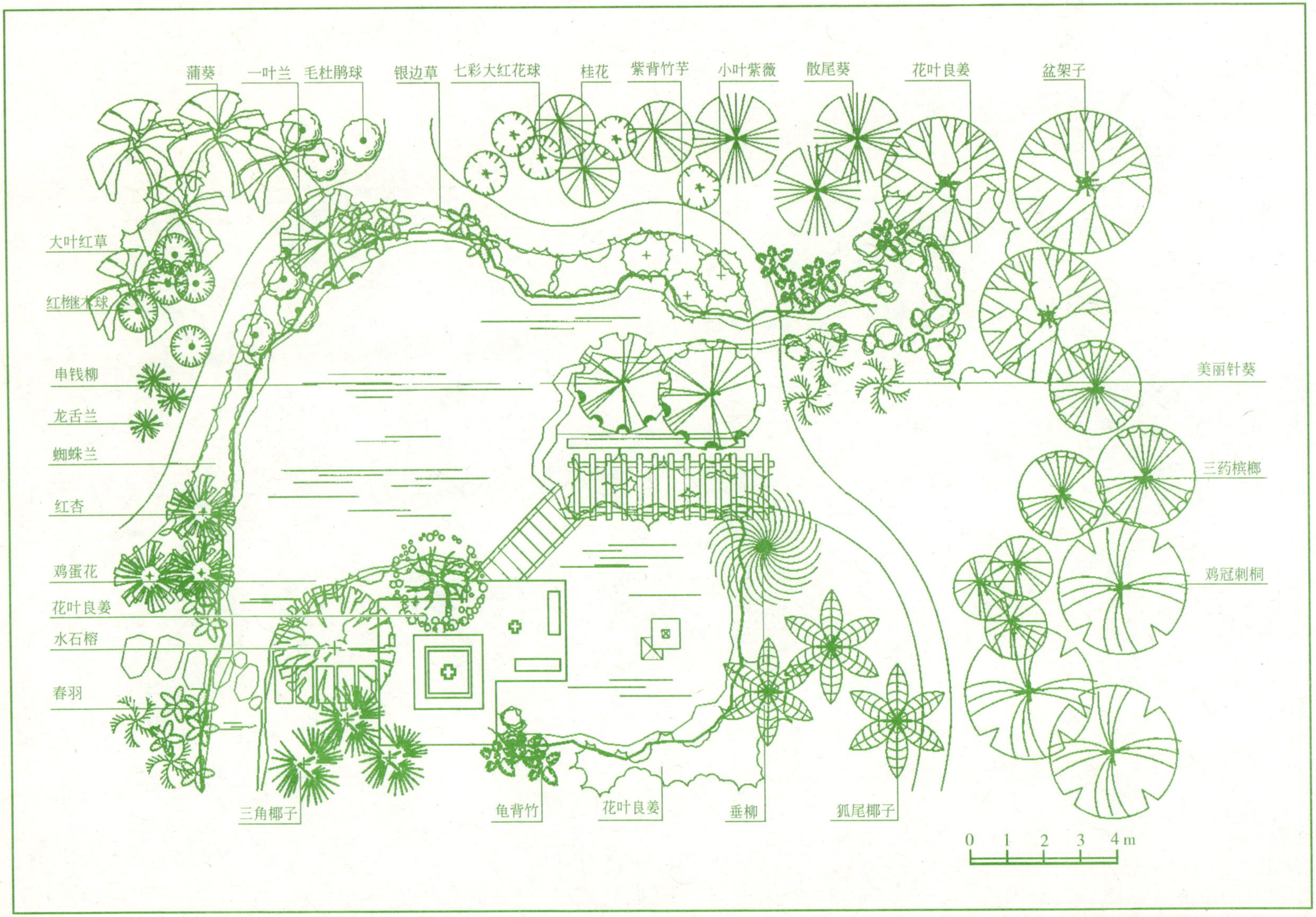
蒲葵
一叶兰
毛杜鹃球
银边草
七彩大红花球
桂花
紫背竹芋
小叶紫薇
散尾葵
花叶良姜
盆架子
大叶红草
红檵木球
串钱柳
龙舌兰
蜘蛛兰
红杏
鸡蛋花
花叶良姜
水石榕
春羽
美丽针葵
三药槟榔
鸡冠刺桐
三角椰子
龟背竹
花叶良姜
垂柳
狐尾椰子
0 1 2 3 4 m

班级：　　　　学号：　　　　姓名：

序号	种名	规格	单位	数量	备注
1	盆架子	D=8~10cm H=2.5~3.0cm	株	3	
2	串钱柳	D=6~7cm H=2.0~2.5cm	株	3	
3	垂柳	D=6~7cm H=2.0~2.5cm	株	1	
4	水石榕	D=7~8cm H=2.5~3.0cm	株	1	
5	鸡冠刺桐	D=7~8cm H=2.5cm	株	3	
6	鸡蛋花	D=7~8cm H=2.5cm	株	1	
7	三药槟榔	三枝以上 H=2.0~2.5cm	株	3	
8	狐尾椰子	自然高3.0~3.5cm 净杆2.0cm	株	3	
9	三角椰子	自然高 2.0~2.5cm	株	3	
10	蒲葵	H=2.0~2.5cm	株	5	
11	散尾葵	H=2.0~2.5cm	株	3	
12	美丽针葵	H=1.2~1.5cm	株	5	
13	红杏	H=1.5~2.0cm	株	3	
14	桂花	苗高×冠幅 150×100cm	株	6	
15	小叶紫薇	苗高×冠幅 150×100cm	株	3	
16	七彩大红花球	苗高×冠幅 80×80cm	株	5	
17	红继木球	苗高×冠幅 80×80cm	株	5	
18	毛杜鹃球	苗高×冠幅 80×80cm	株	6	
19	龙舌兰	苗高×冠幅 80×80cm	株	3	
20	龟背竹	3.5kg	株	7	
21	春羽	3.5kg	株	12	
22	花叶良姜	2.5kg	株	425	
23	紫背竹芋	2.5kg	株	125	
24	蜘蛛兰	2.5kg	株	100	
25	一叶兰	2.5kg	株	100	
26	大叶红草	1.5kg	株	252	
27	银边草	1.5kg	株	126	

班级:　　　　学号:　　　　姓名:

正立面图

平面图　0　1　2　3　4 m

小游园示意图

说明：

在小游园中，整个建筑简洁明快，占地面积小，置景多样而集中。其中两个方形伞亭，一高一低，与花架、喷水池组成整体；水池中喷水口也设计成一高一低、一正一反两个方形大盘，以增强整体感；亭采用钢筋混凝土结构，外涂白色涂料。

班级:　　　　　学号:　　　　　姓名:

第十章　透视投影

10–1　一点透视

1.

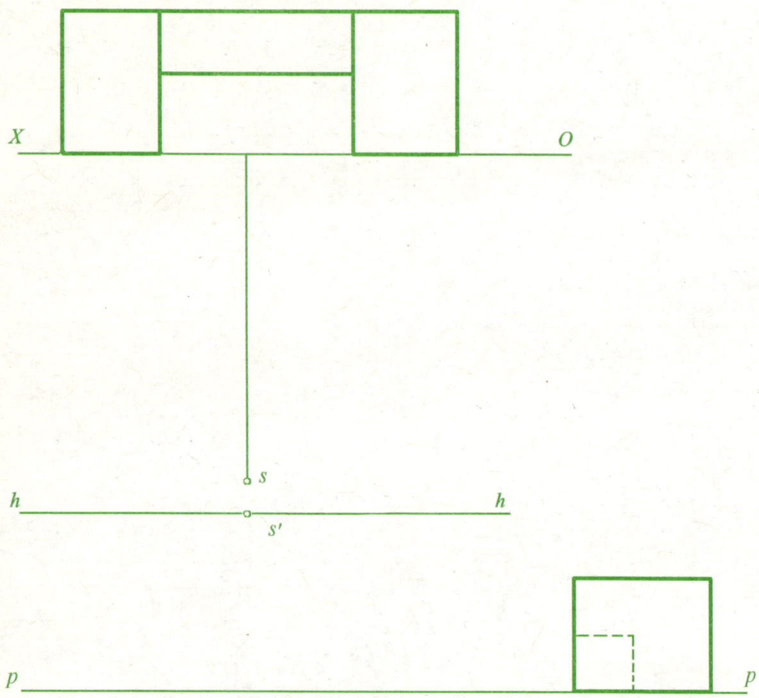

2.

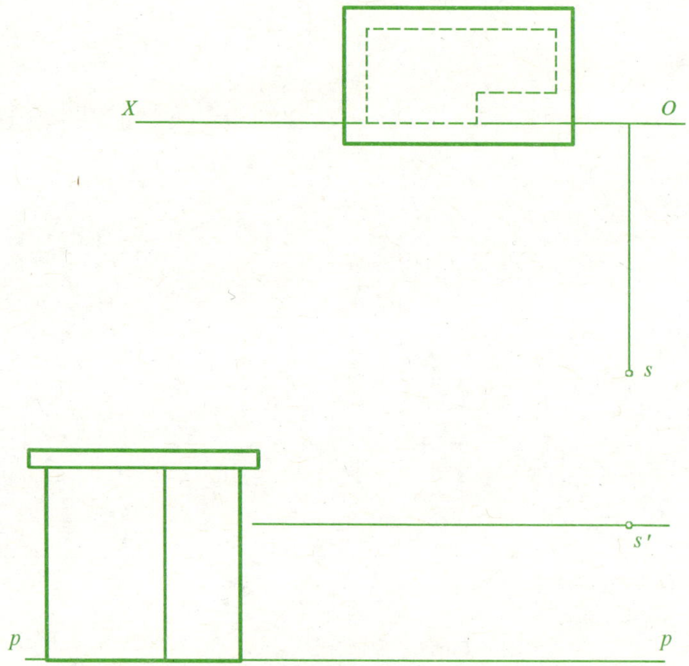

班级：　　　　学号：　　　　姓名：

3.

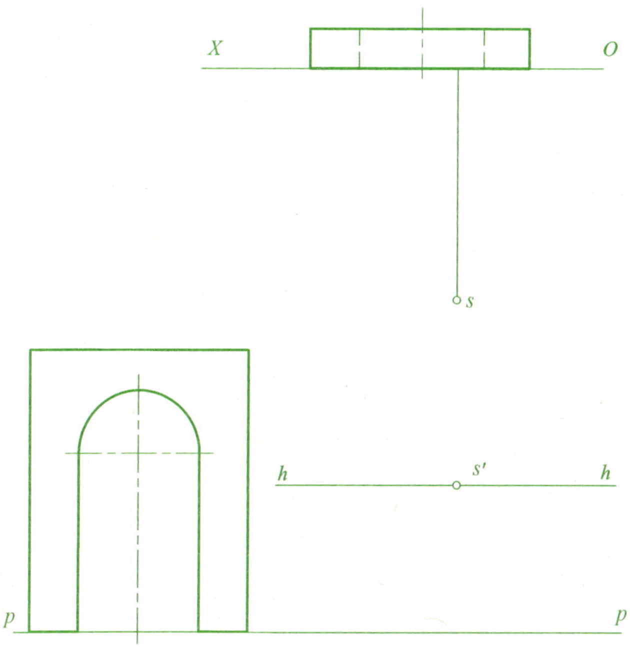

4.

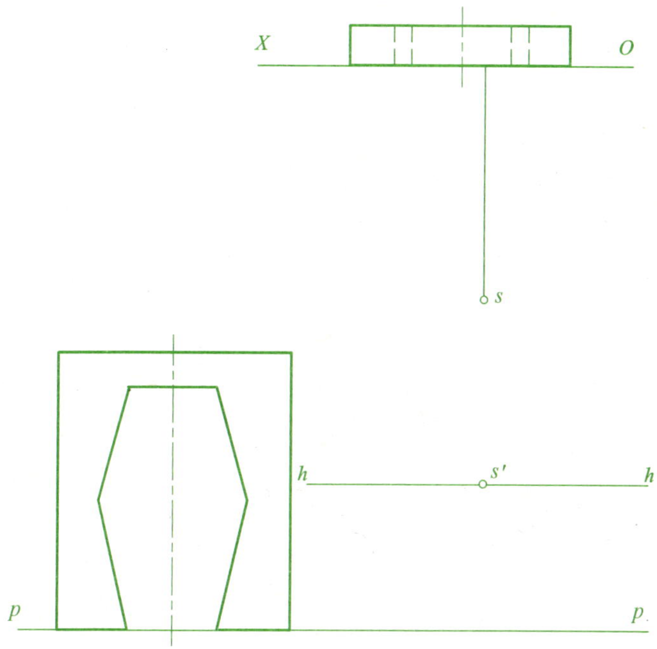

5. 作建筑形体的一点透视图。

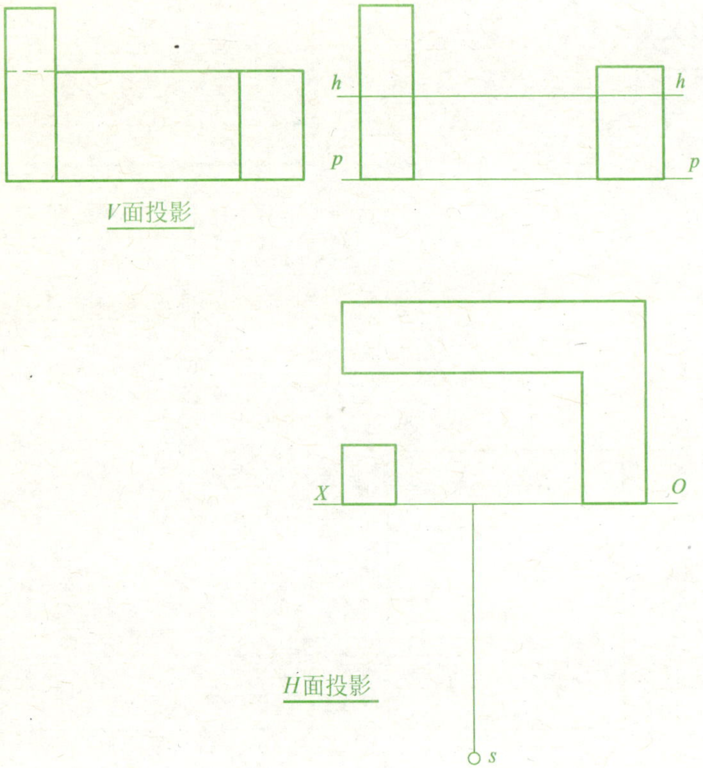

6. 作台阶的一点透视图。

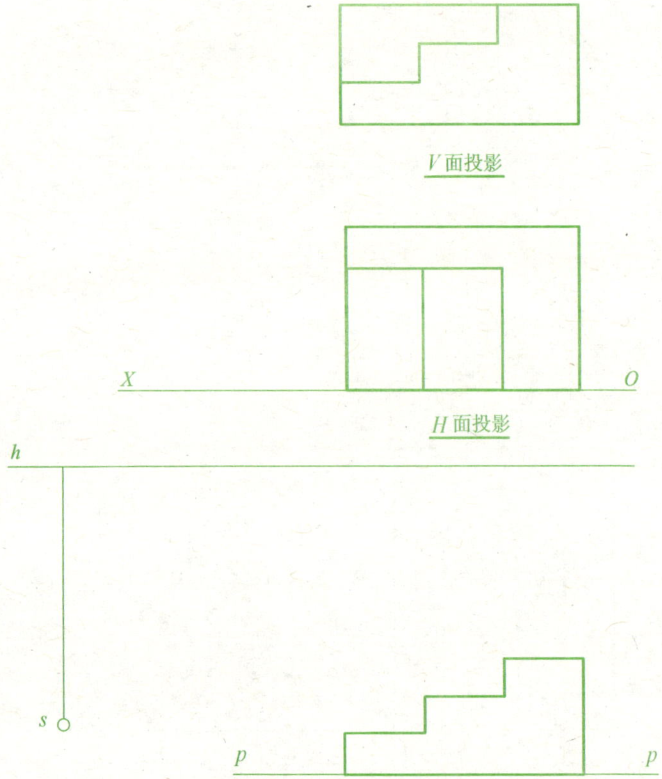

班级: 学号: 姓名:

7. 求作建筑小品的平行透视图。

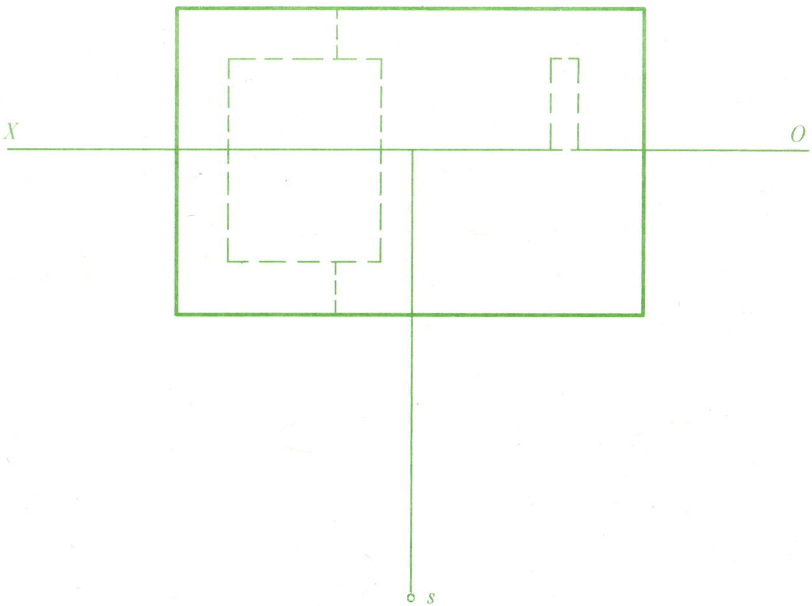

8. 画室内一点透视图。

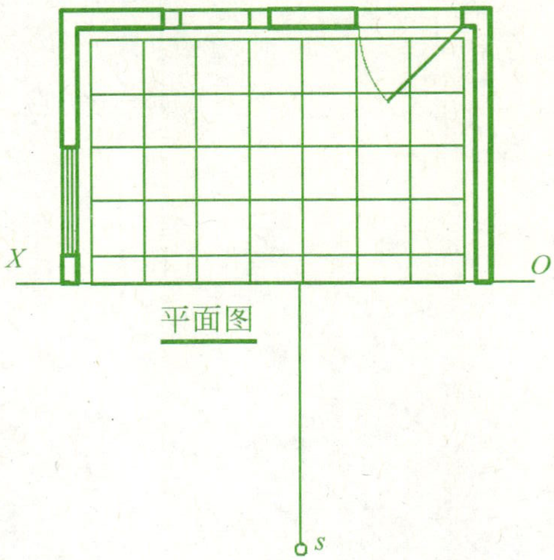

平面图

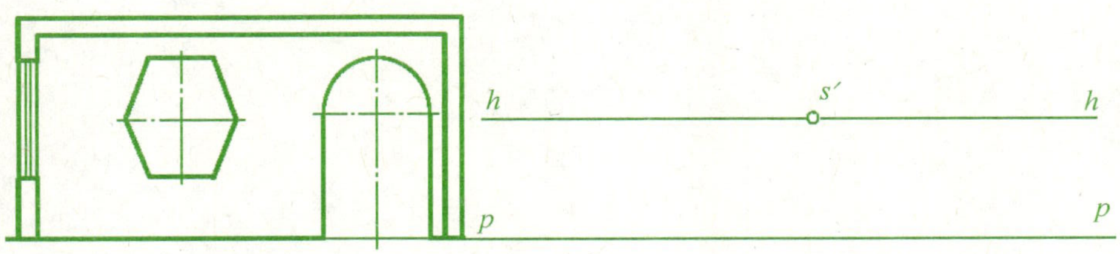

立面图

10-2　两点透视

1.

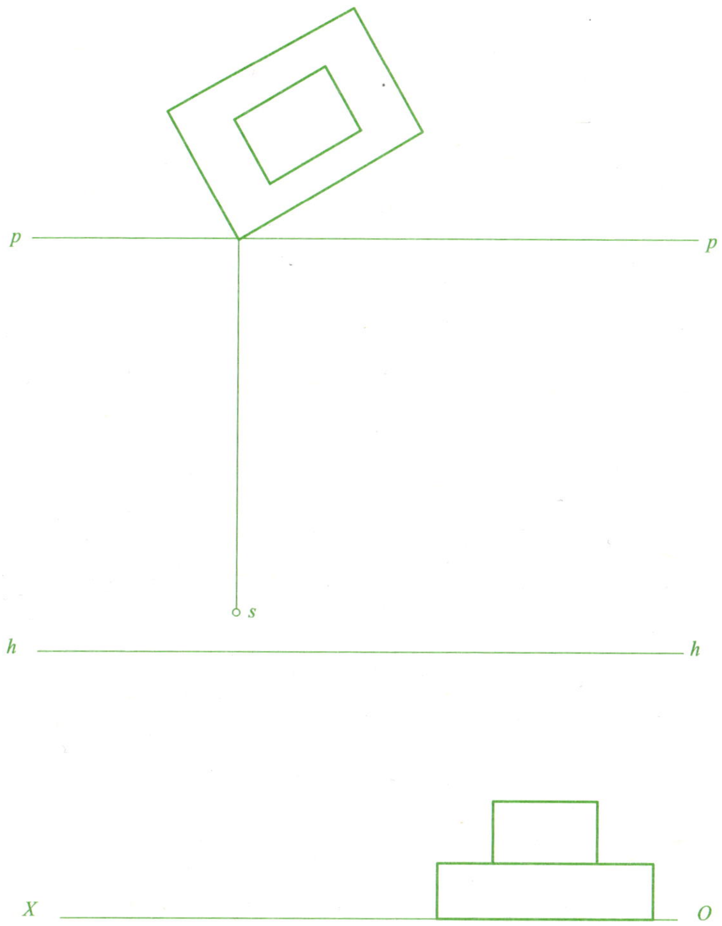

2.

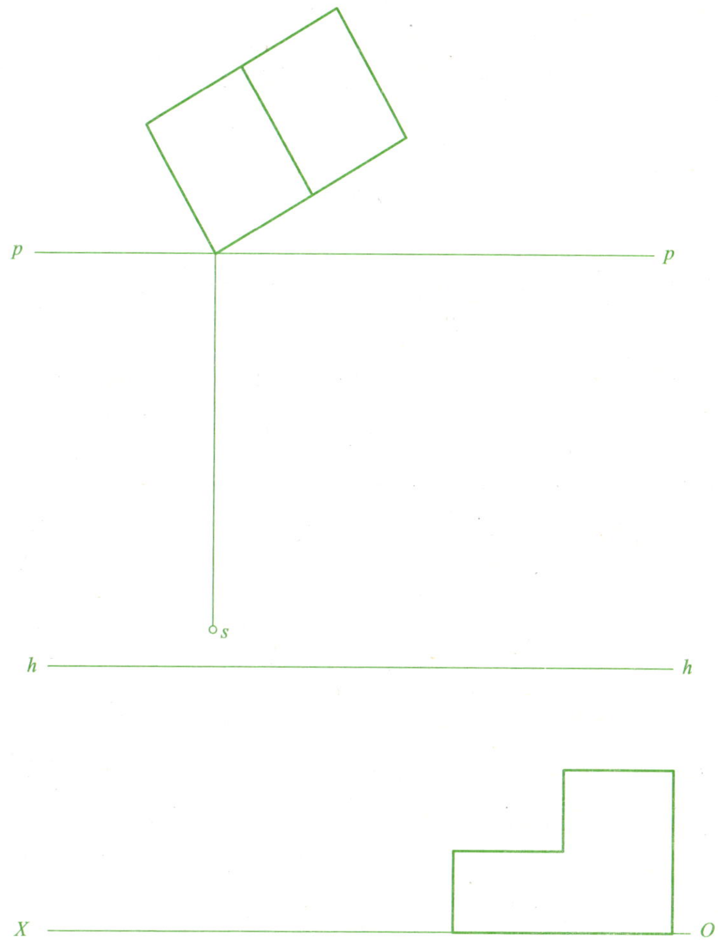

3. 作拱门的透视图。

4. 作台阶的透视图。

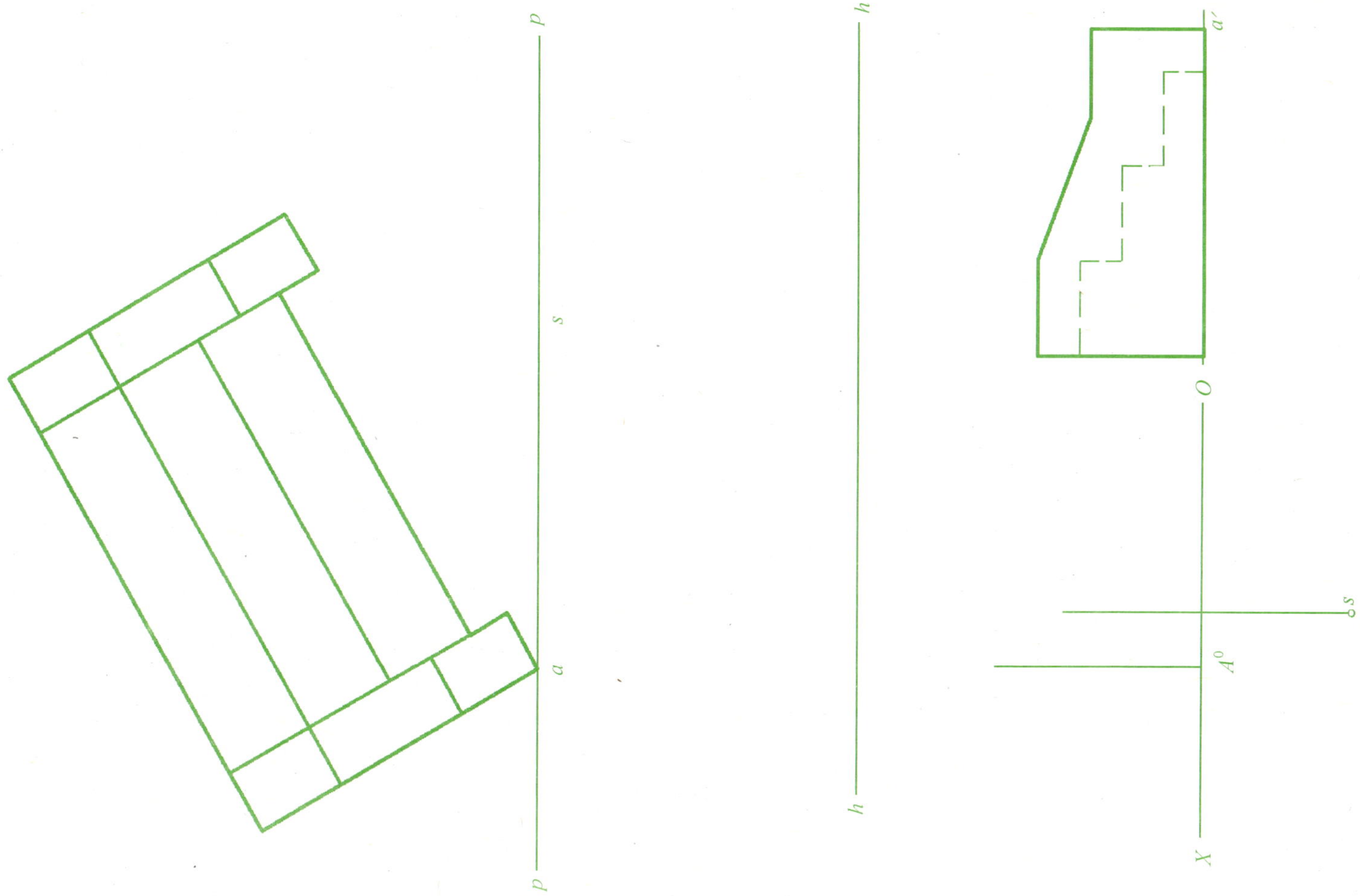

班级:　　　　学号:　　　　姓名:

5. 作门洞和雨篷的透视图。

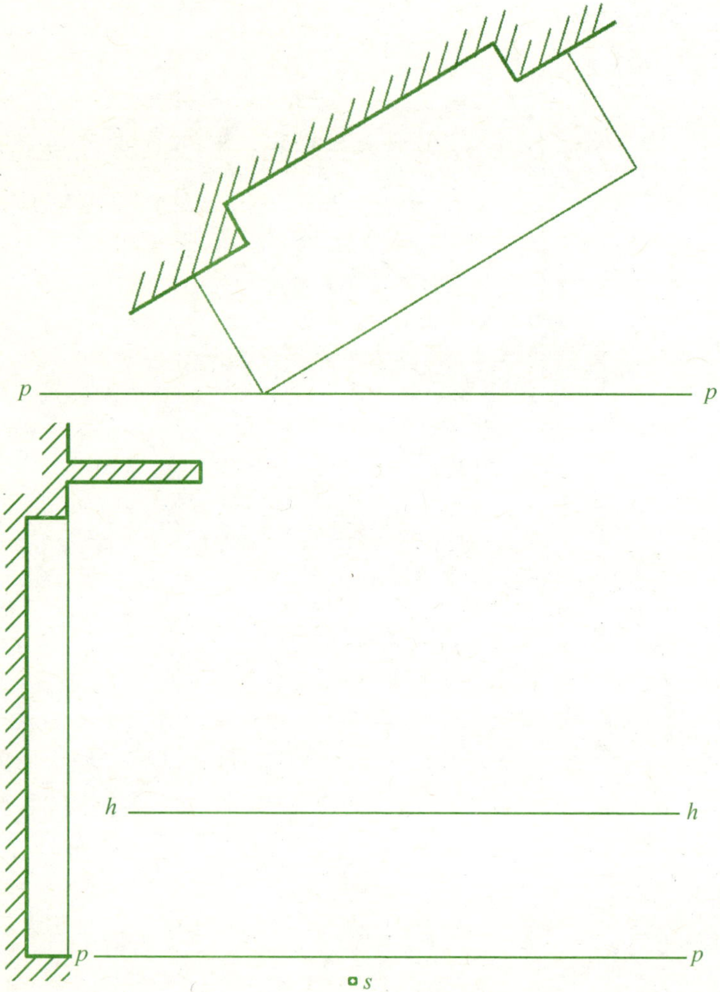

6. 作窗洞和窗台的透视图。

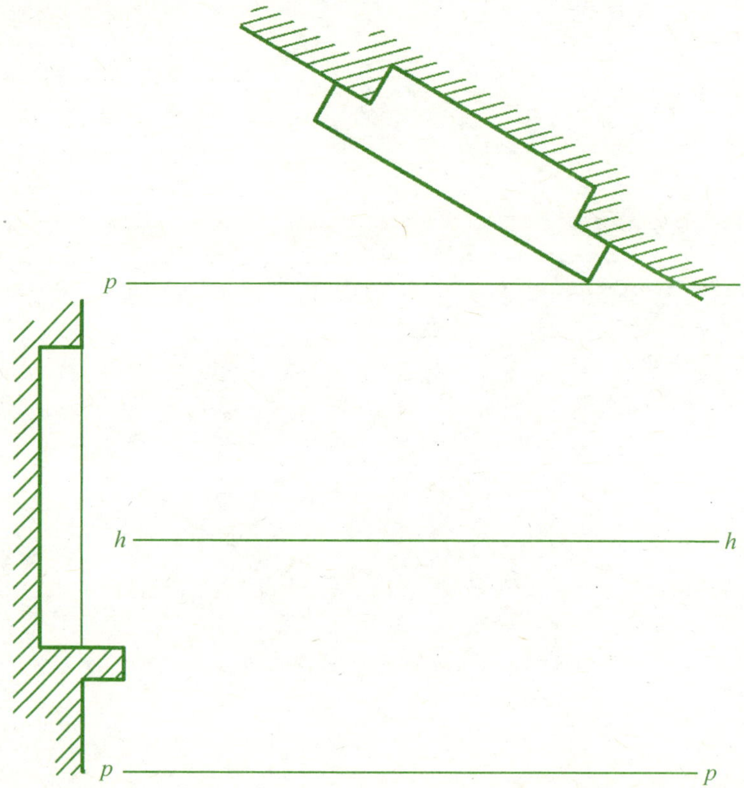

班级：　　学号：　　姓名：

7. 画建筑小品的两点透视图。

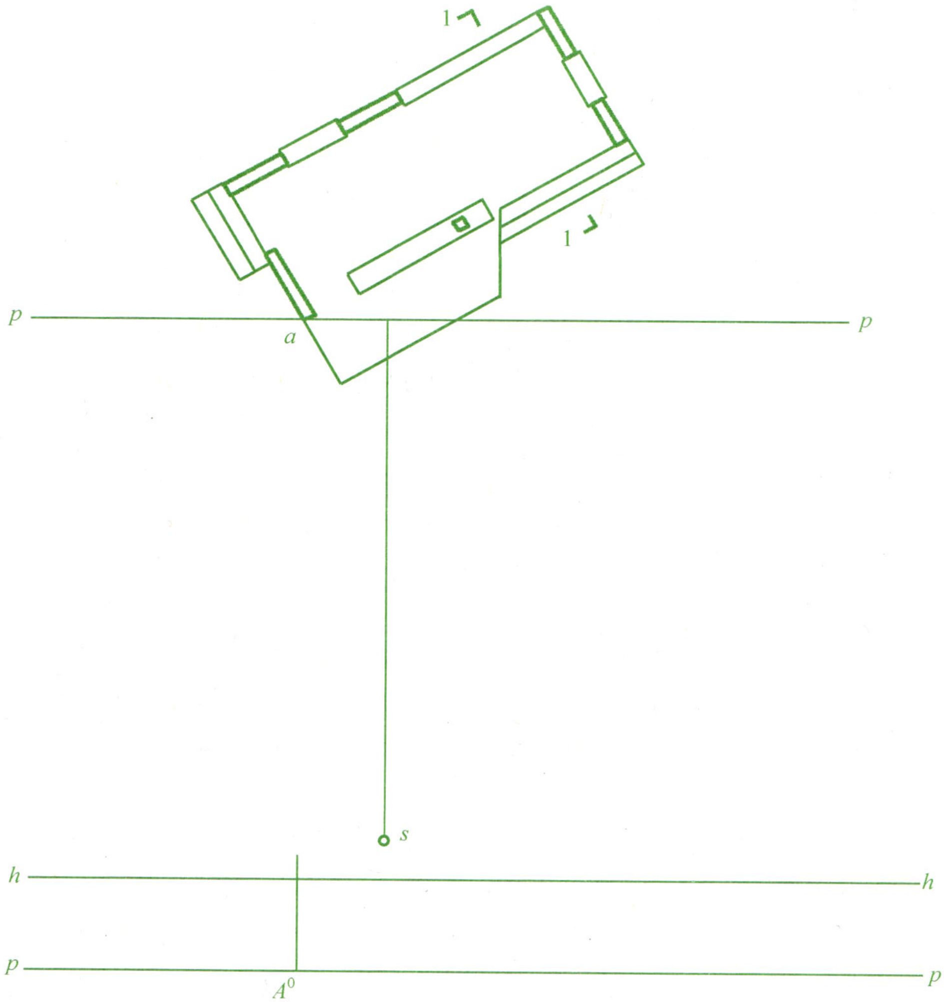

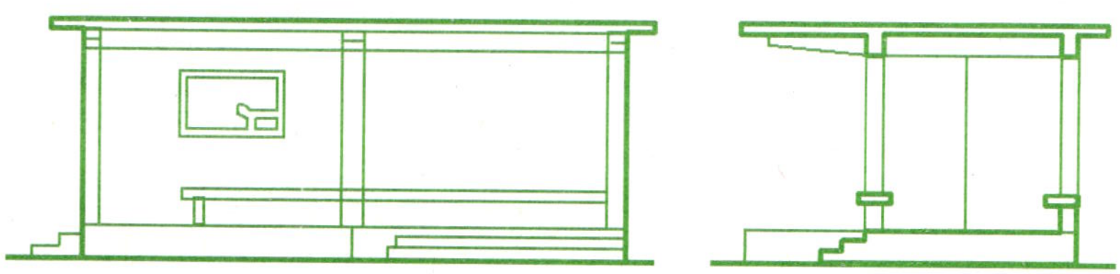

立面图

1—1剖面图

班级：　　　　学号：　　　　姓名：

10-3 鸟瞰透视

用网格法绘出第 82～84 页所示小游园的成角鸟瞰透视图（参考第 85 页）。

班级:　　　　学号:　　　　姓名:

第十一章　阴影

11-1　正投影阴影

1. 求形体的阴影。

(1)

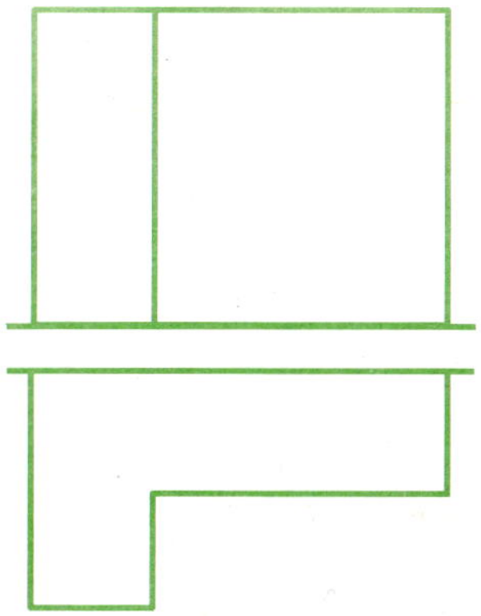

(2)

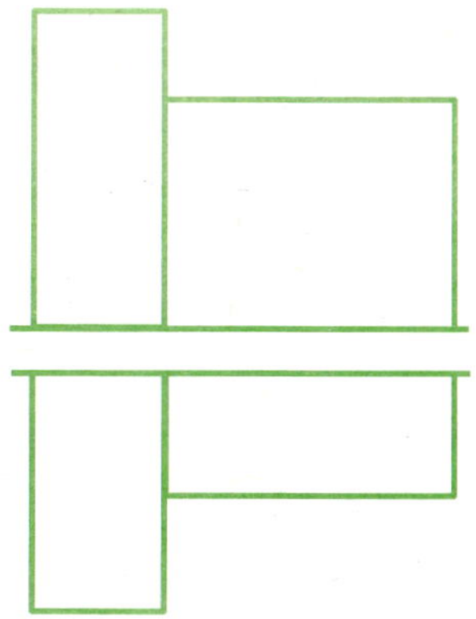

2. 求方帽落在长方柱上的阴影。

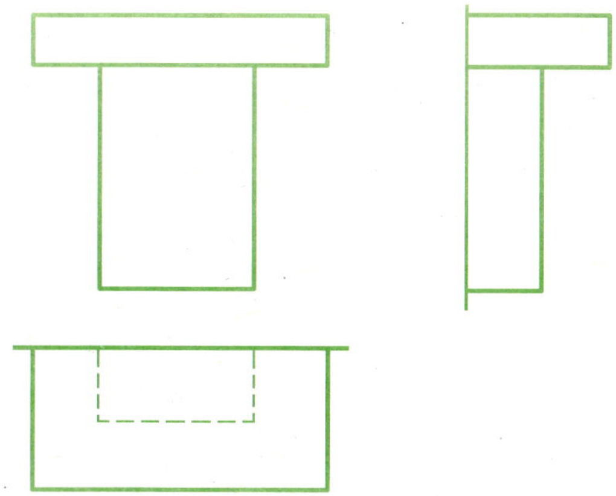

3. 求方帽（或圆帽）落在圆柱（或方柱）和投影面上的阴影。

(1)

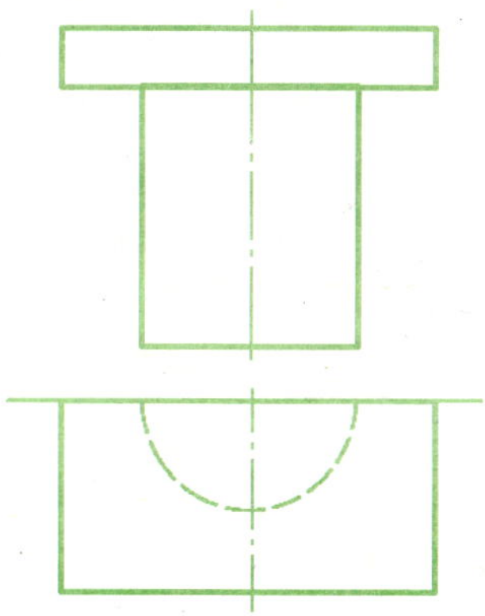

(2)

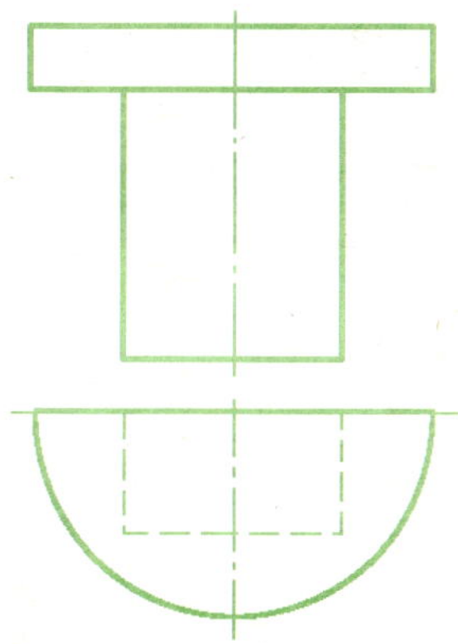

(3)

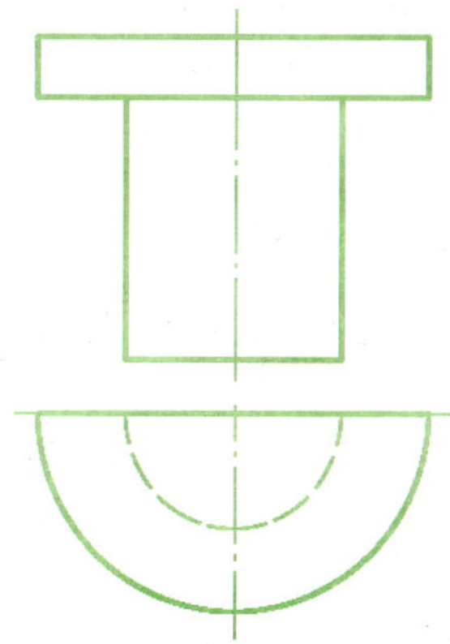

4. 求作花格的阴影。

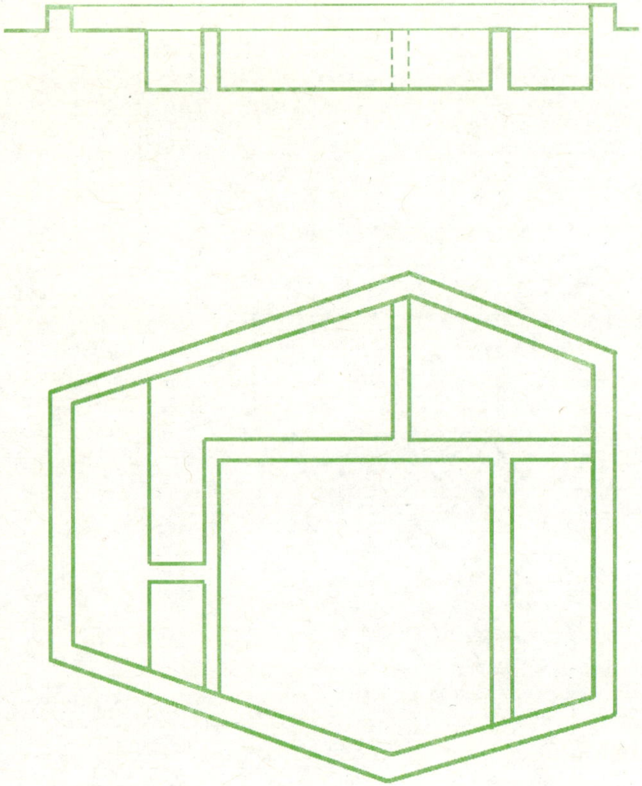

5. 求建筑细部在立面的阴影。

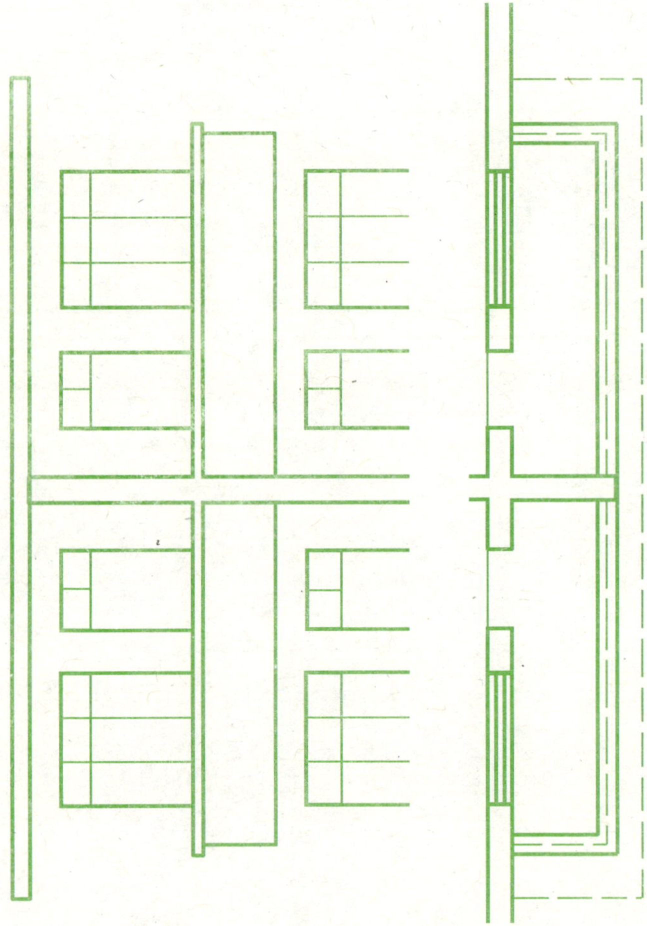

11-2　透视阴影

1. 按图示条件求作建筑形体在无灭光投射下的透视阴影。

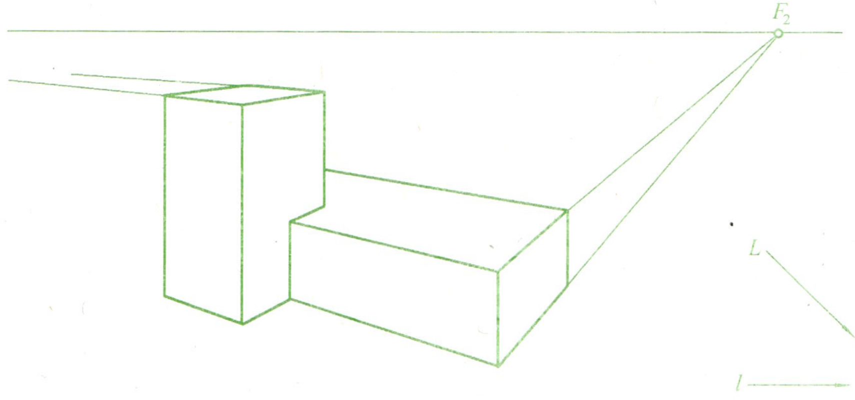

2. 按图示条件求作平房的透视阴影（左前屋檐角点 A 投于墙面 P 的落影点为 $\overline{A}_1$）。

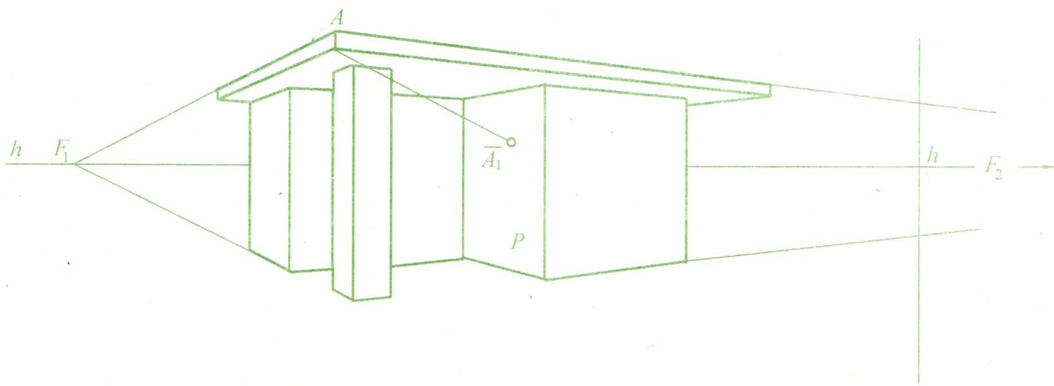

班级：　学号：　姓名：

3.求足球门架在给定光线下在基面上的透视落影。

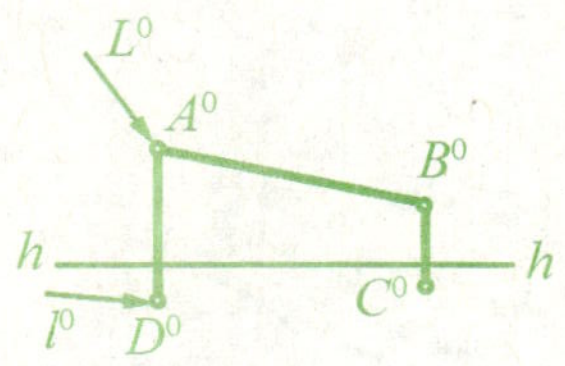

(a)

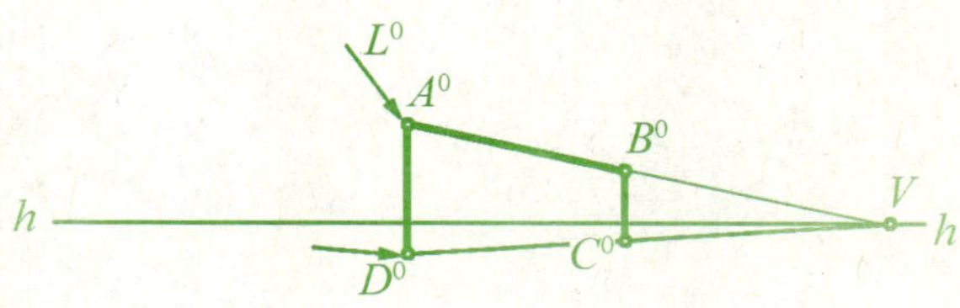

(b) 透视阴影画图

4.求长方体在给定光线下在基面上的透视落影。

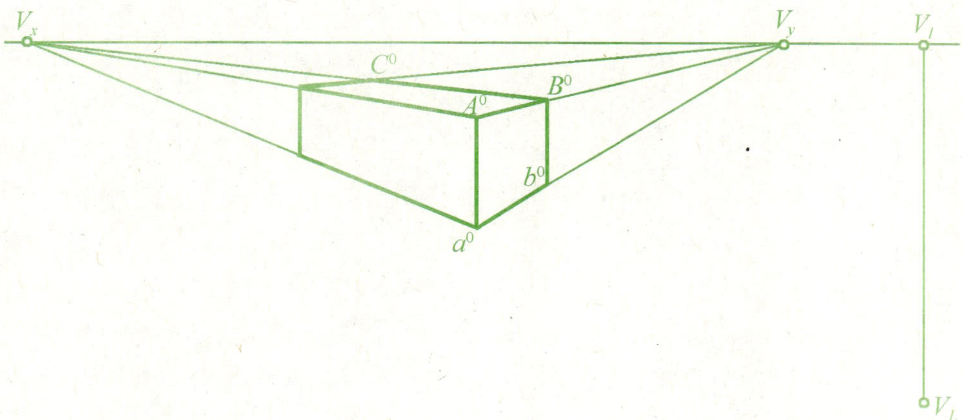

班级:　　　　学号:　　　　姓名:

5.求方盖盘在给定光线下的圆柱面上的透视落影。

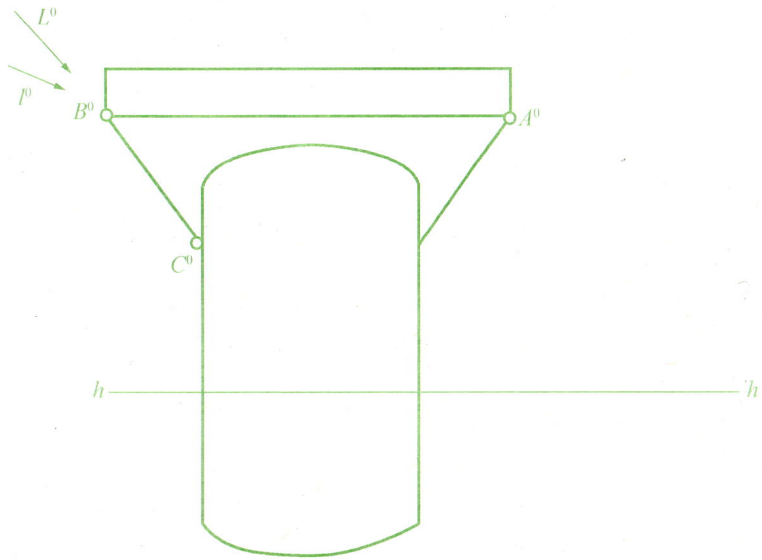

班级：　　学号：　　姓名：

11-3 虚像

1. 在一点透视图上求作镜面虚像。

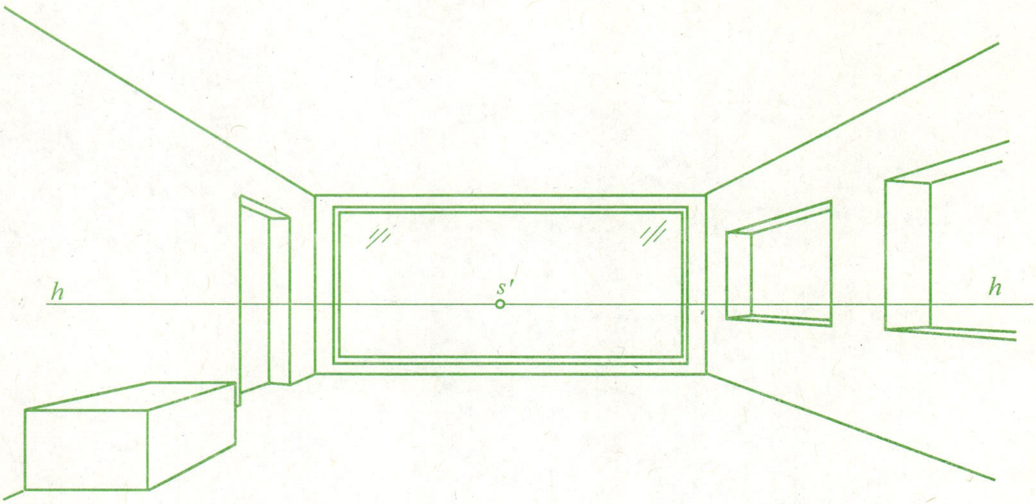

2. 在两点透视图上求作镜面虚像。

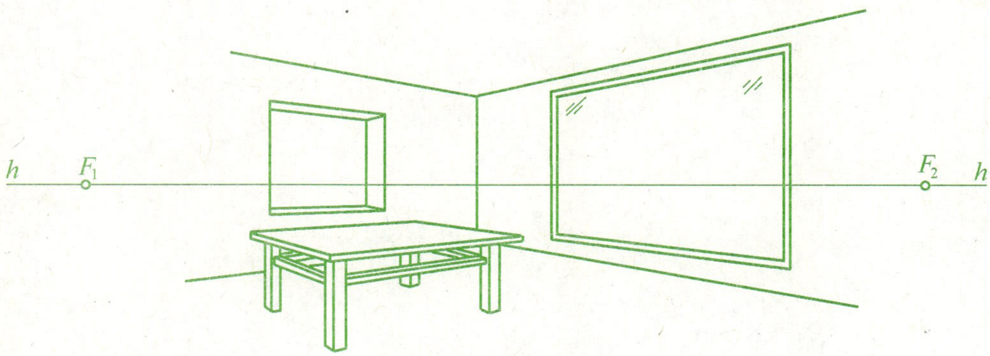

班级：　　　　学号：　　　　姓名：

综合作图

阅读第 104～106 页所示以水池边的亭廊与花架为主体的小游园的总平面图、平面图及立面图，并结合有关说明，全面了解小游园的整体规划布局、景物的具体平面位置和朝向，以及植物的种植配置，试完成下列绘图：

（1）绘制小游园的整体规划设计图和立面图；

（2）绘制小游园的铺地、园路工程施工图（铺地为卵石铺地，园路为冰梅水泥嵌缝路面）；

（3）绘制小游园的水体工程施工图（请读者自行设计出水体完整的平面形状）；

（4）绘制小游园的绿化种植工程施工图（请读者自行设计绿化种植植物，种植植物不得少于 10 种）；

（5）用网格法绘出小游园的平行鸟瞰透视图（可参考第 106 页廊亭与花架示意图）。

班级:　　　　　　学号:　　　　　　姓名:

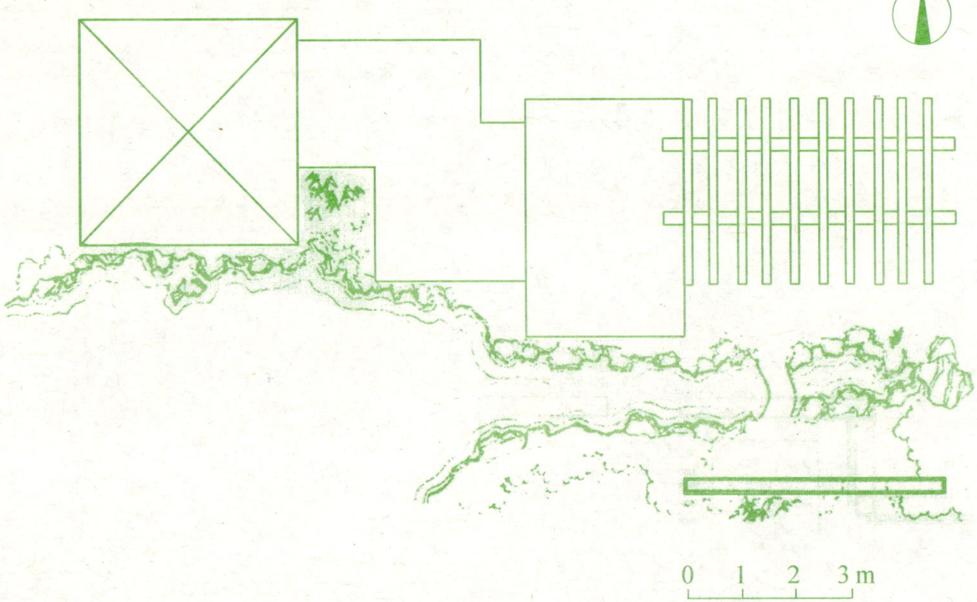

班级：　　　　学号：　　　　姓名：

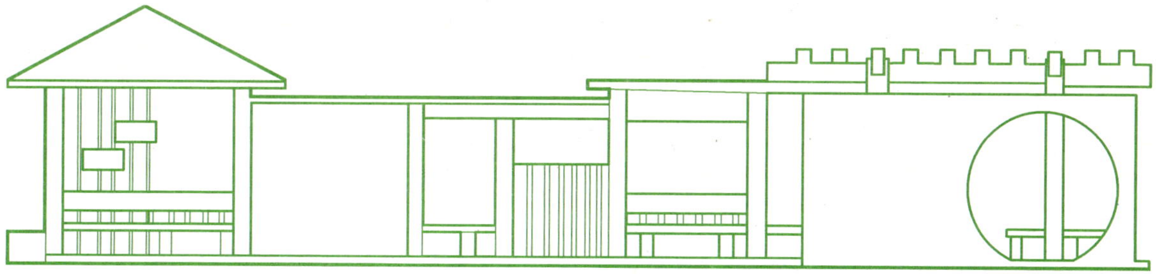

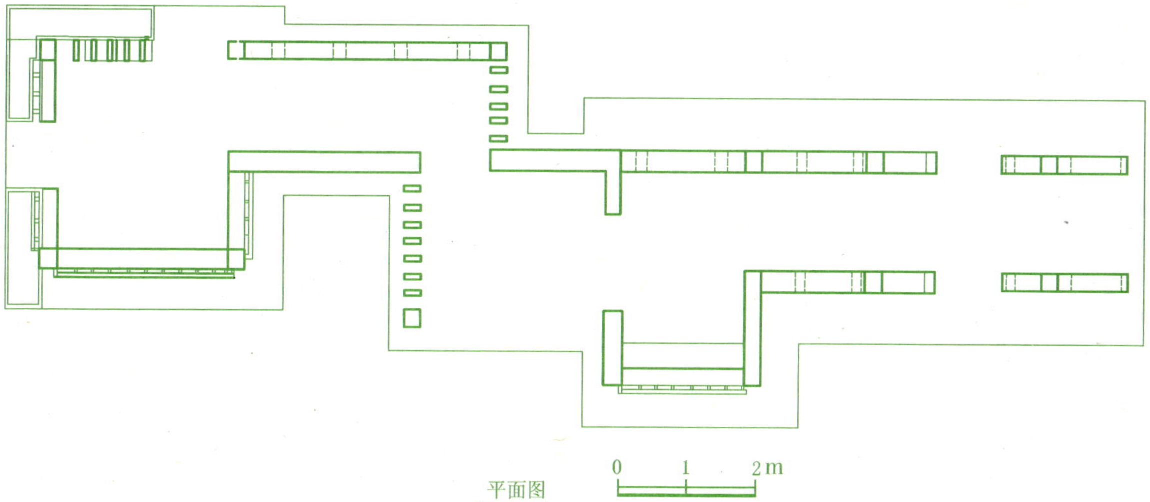

平面图

说明：

这是一组建于水池边的亭廊与花架组合建筑。其面积不大、道路曲折，富于变化，入口为一圆形洞门，墙前门侧堆叠散石，栽植花木竹丛，使内外景物既分隔又有联系，安排颇为巧妙。

整个建筑及园门全部采用白色，在周围绿色植物衬托下十分素雅明快。

部分习题参考答案

6-1

1.（1）

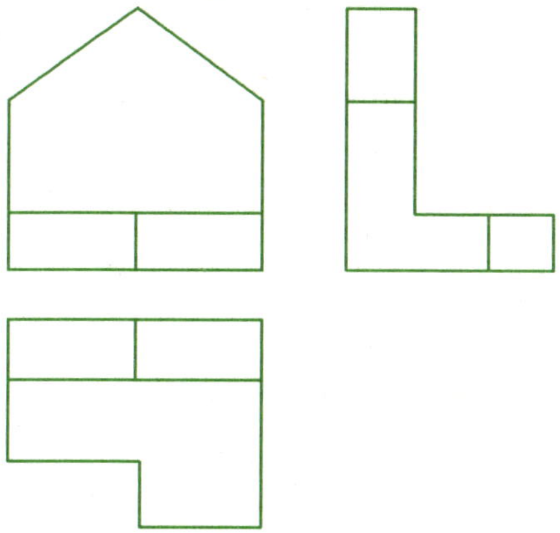

（3）

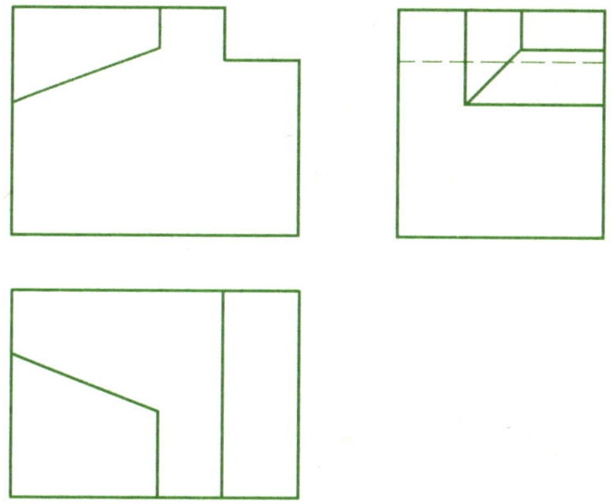

（2）

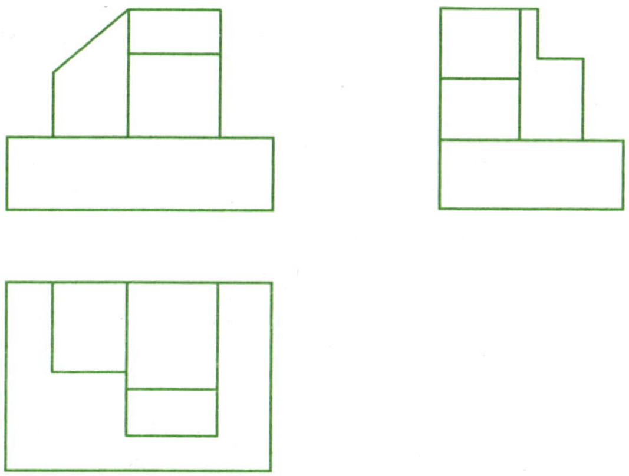

（4）

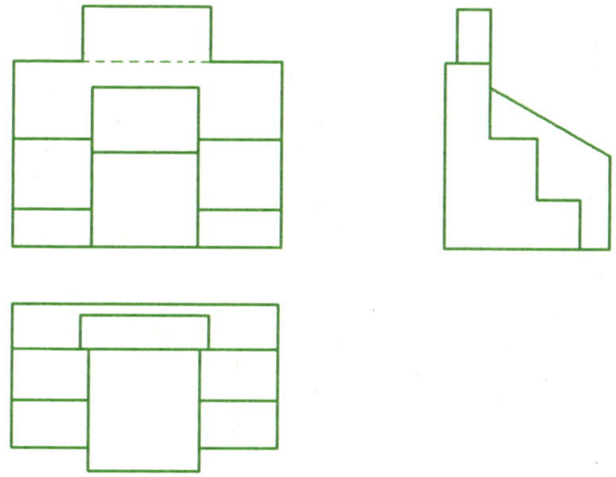

2.（1）

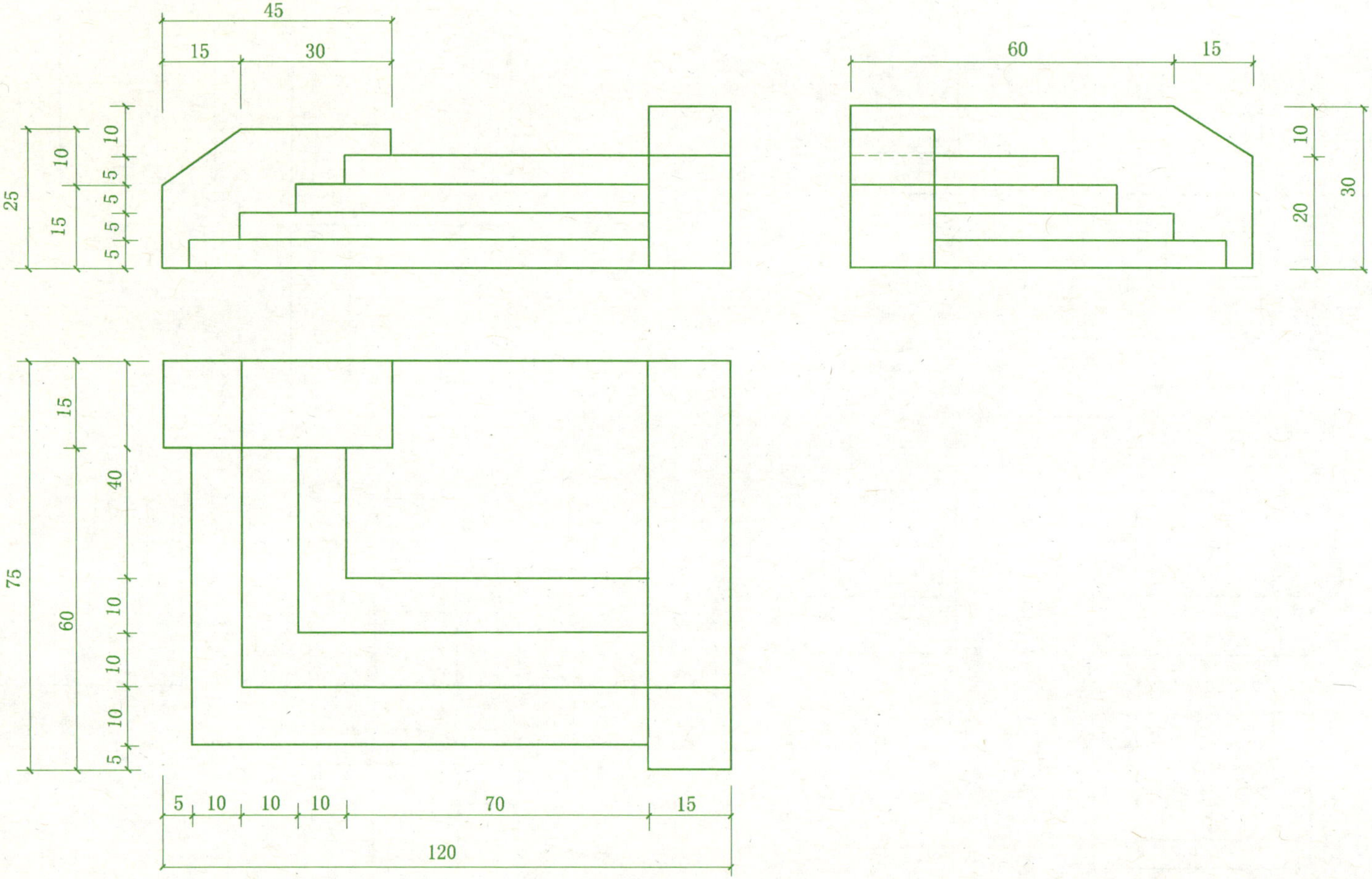
45
15
30
60
15
10
5
5
5
5
25
10
15
10
20
30
15
40
75
60
10
10
10
5
5
10
10
10
70
15
120

班级:　　　　　　学号:　　　　　　姓名:

(2)

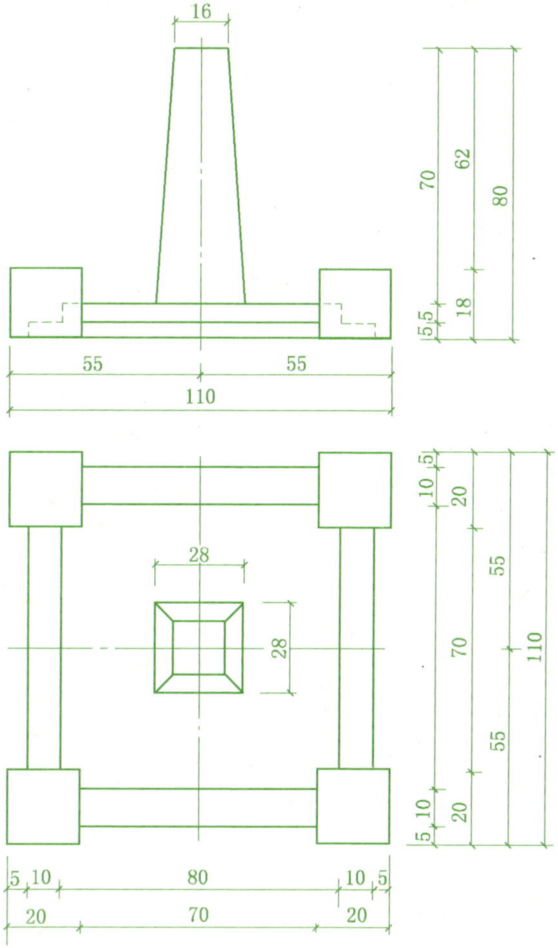
16
70
62
80
18
5
5
55
55
110
5
10
20
55
28
28
70
110
55
10
20
5
5
10
80
10
5
20
70
20

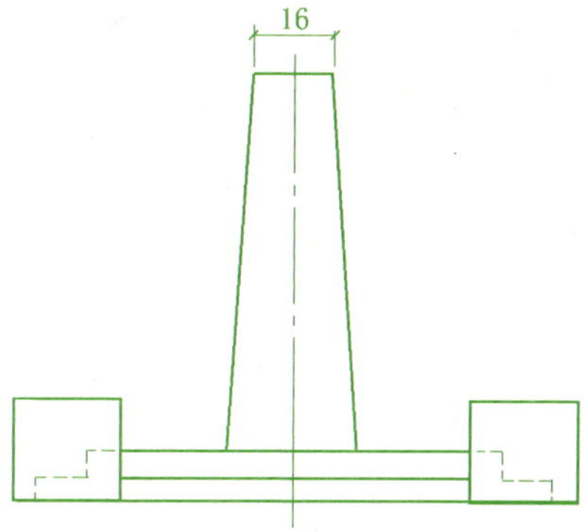
16

班级:　　　　　　学号:　　　　　　姓名:

6–2

1.

(1)

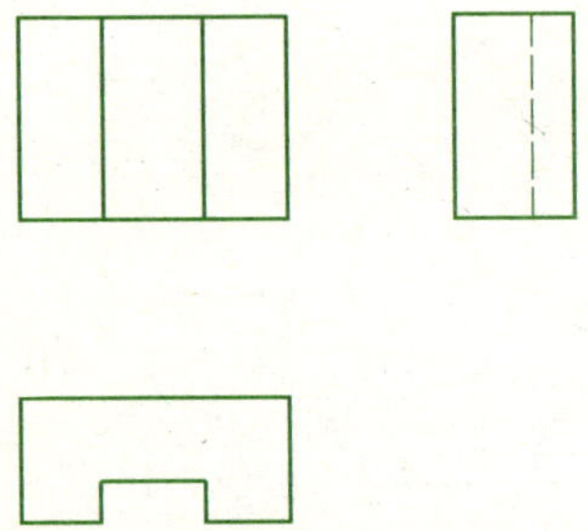

(2)

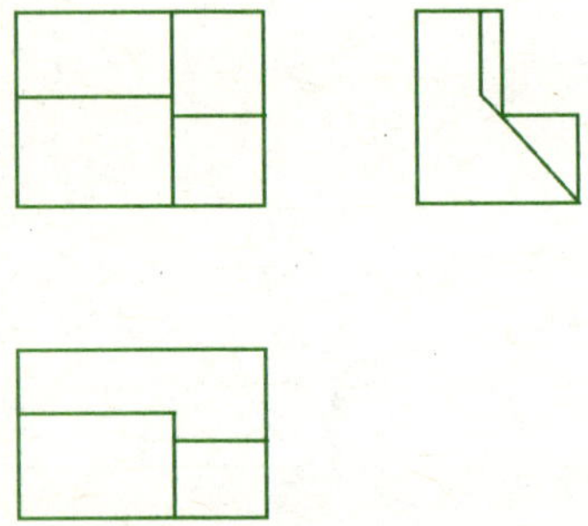

(3)

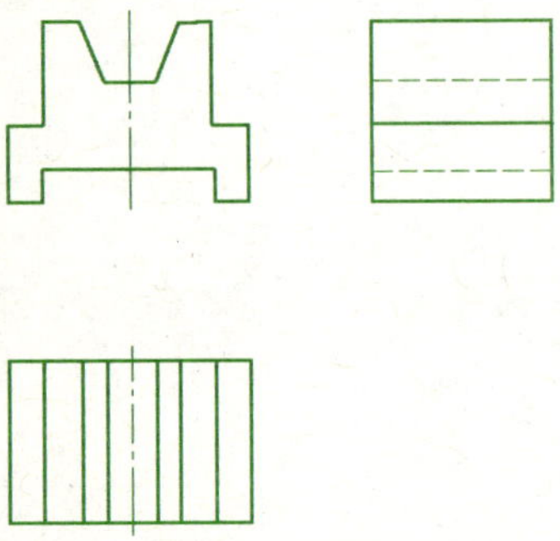

(4)

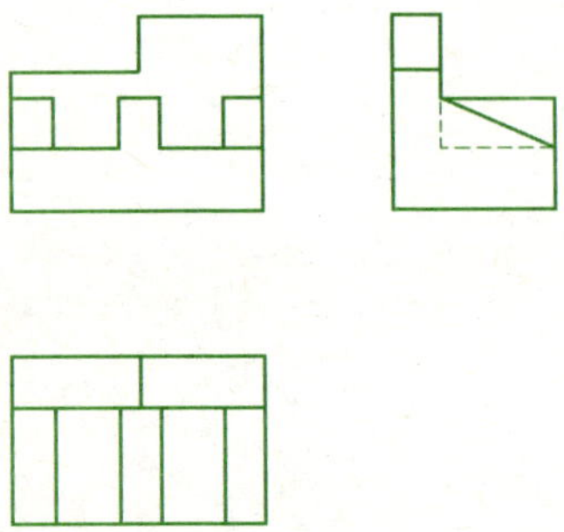

2.

(1)

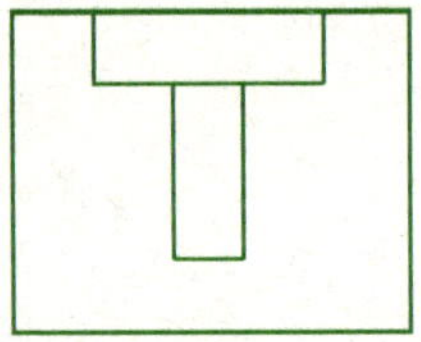

(2)

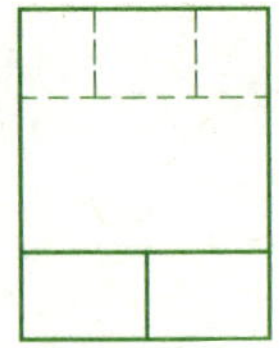

(3)

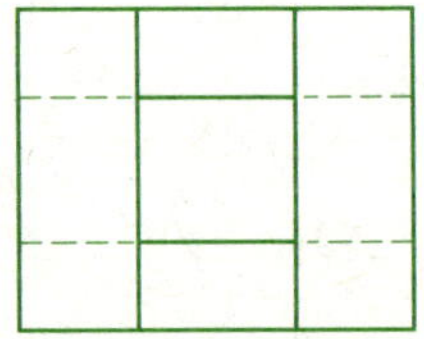

(4)

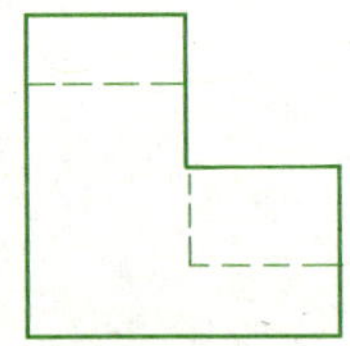

6–3

1.

（1）

比较高低：面 *B* 高；面 *C* 低；

比较左右：面 *D* 左；面 *E* 右。

面 *A* 是铅垂面；*H* 面投影具有积聚性；

V 面投影为相仿图形；

W 面投影为相仿图形。

A 面形状如图示（实形）：

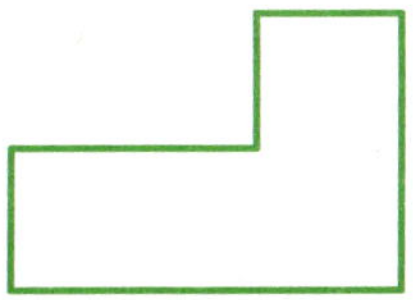

（2）

比较高低：面 *B* 高；面 *C* 低；

比较左右：面 *D* 左；面 *E* 右。

面 *A* 是侧垂面；*H* 面投影为相仿图形；

V 面投影为相仿图形；

W 面投影具有积聚性。

A 面形状如图示（实形）：

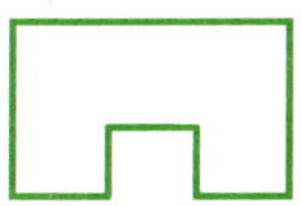

2.

（1）画正立面图

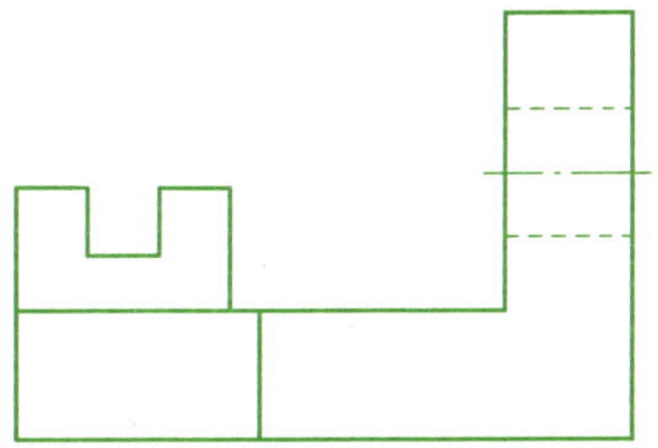

（2）画平面图

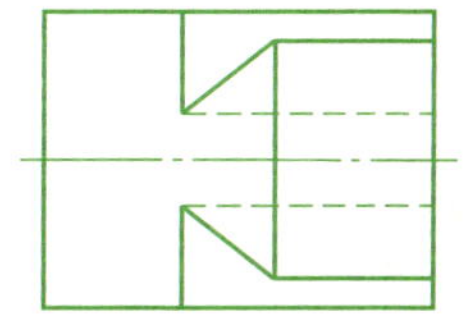

组成方式：叠加式。

组成的基本形体：Ⅰ、Ⅱ。

基本形体间的位置关系：

高低：形体Ⅱ的底面叠加于形体Ⅰ顶面；

前后：形体Ⅰ在形体Ⅱ的中间，形体前后对称。

左右：形体Ⅰ和形体Ⅱ的右侧面平齐，左侧面同处于一斜面。

6-4

(1)

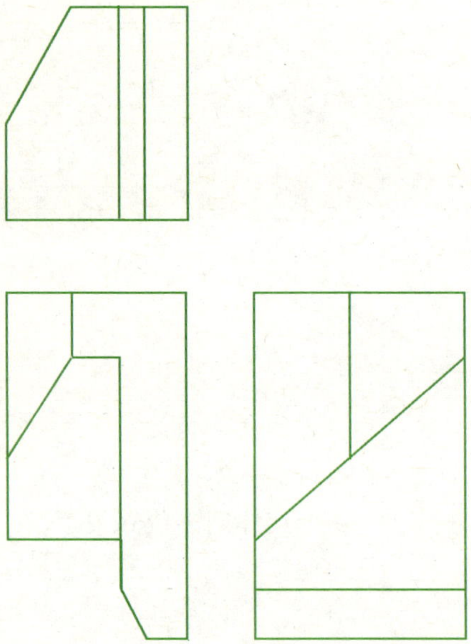

(2)

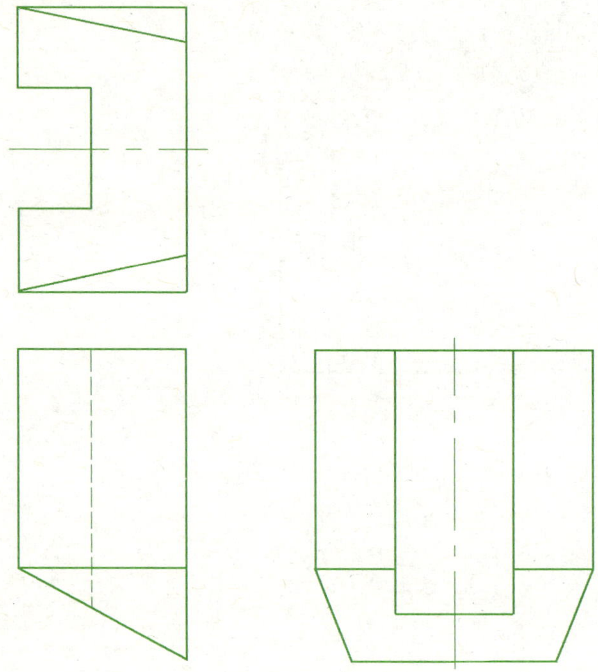

班级:　　　　　学号:　　　　　姓名:

(3)

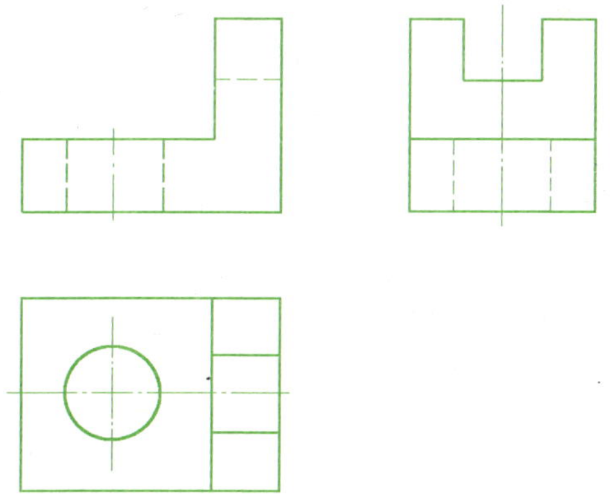

(4)

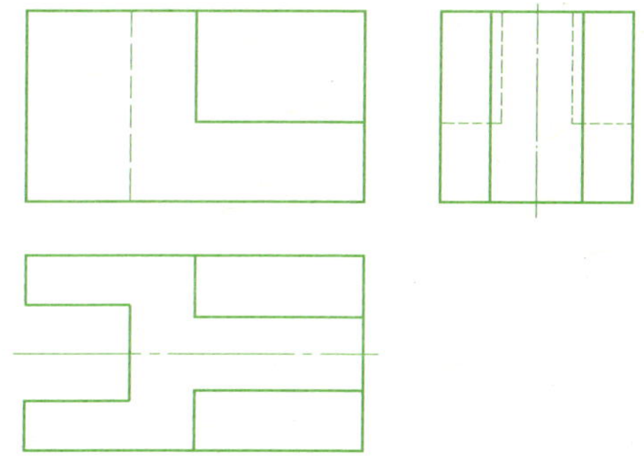

(5)

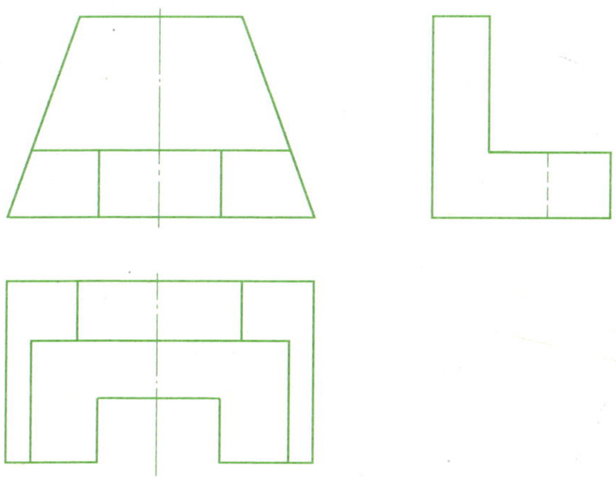

(6)

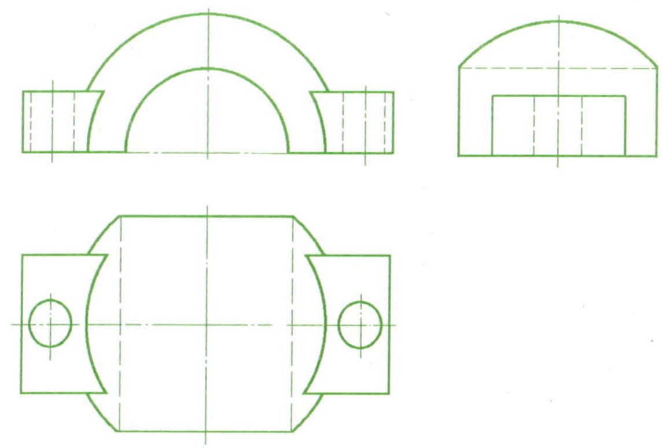

班级:　　　　学号:　　　　姓名:

6-5

(1)

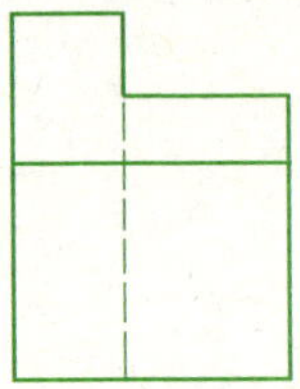

(2)

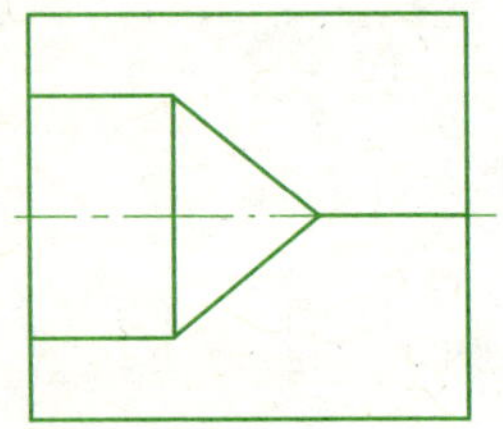

(3)

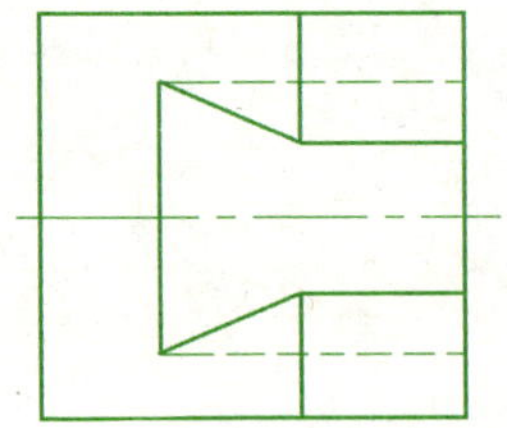

(4)

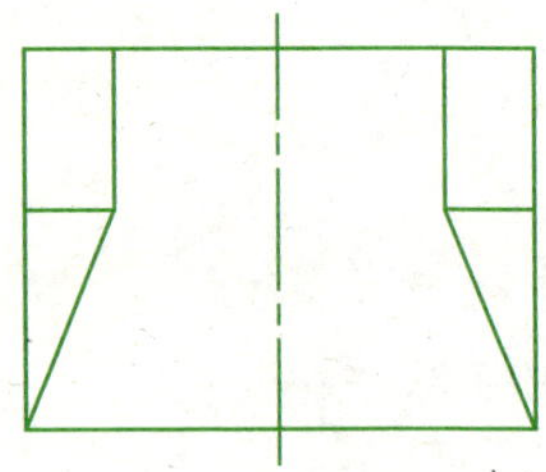

(5)

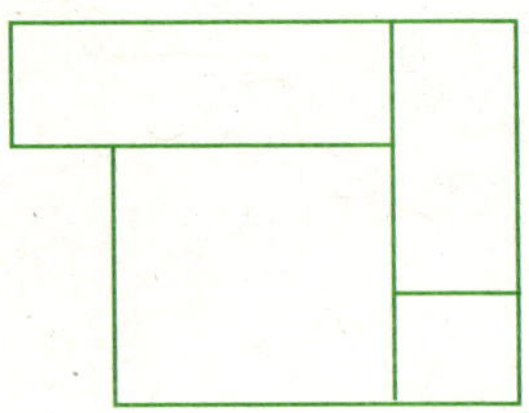

(6)

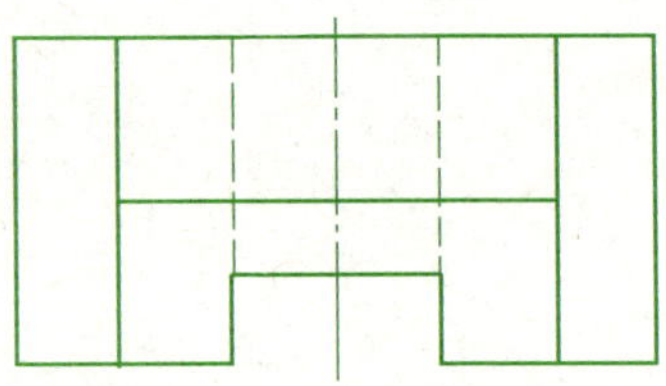

(7)

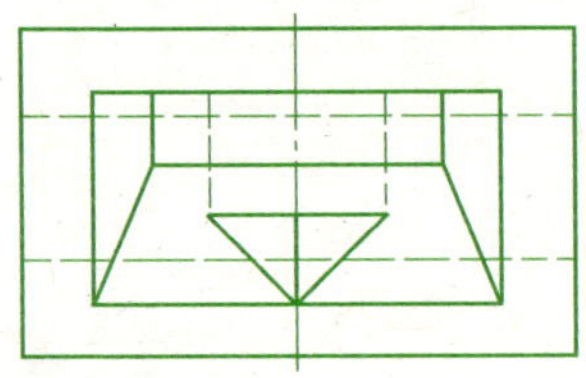

(8)

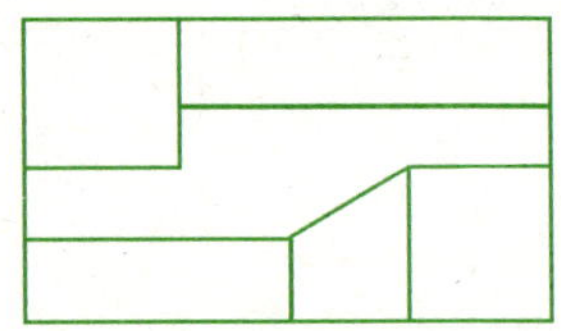

班级:　　　　学号:　　　　姓名:

(9)

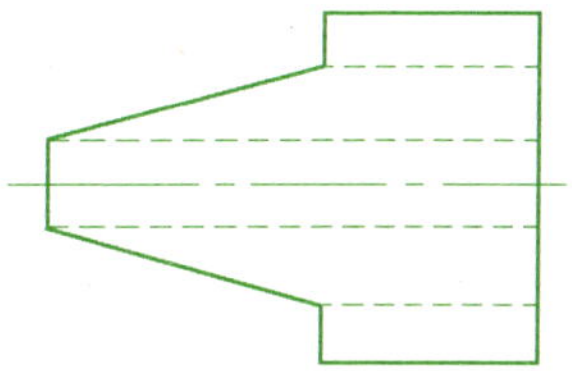

(10)

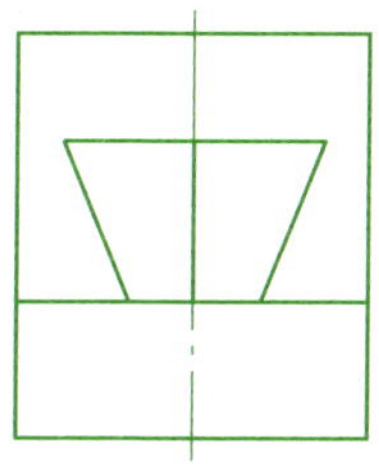

(11)

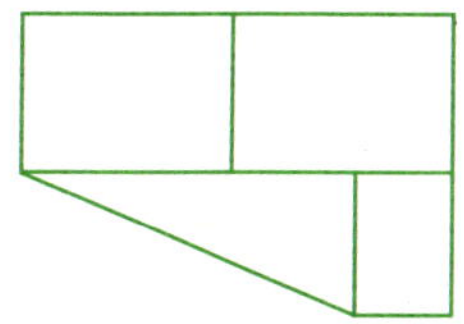

(12)

(13)

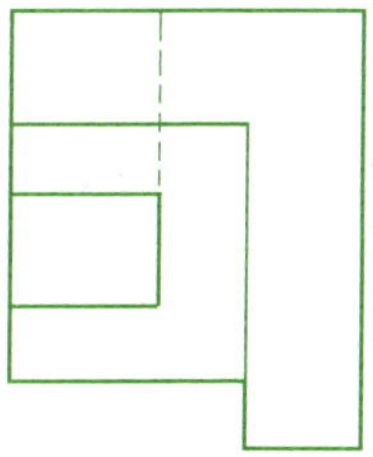

(14)

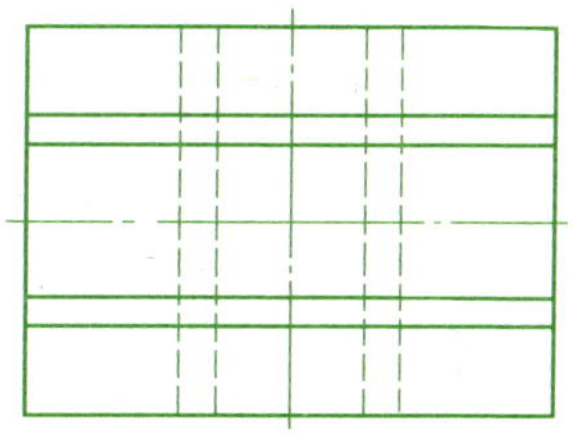

(15)

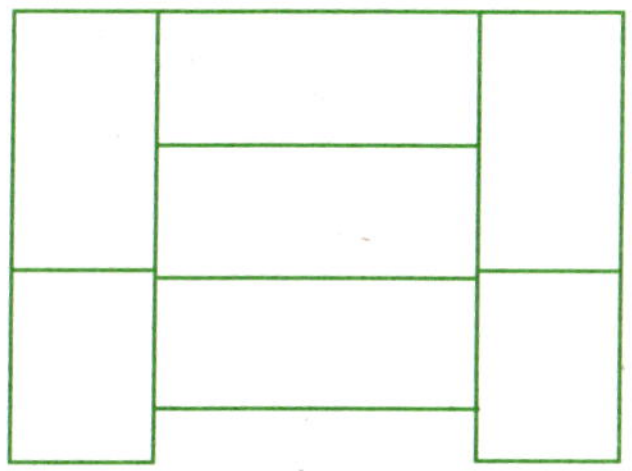

(16)

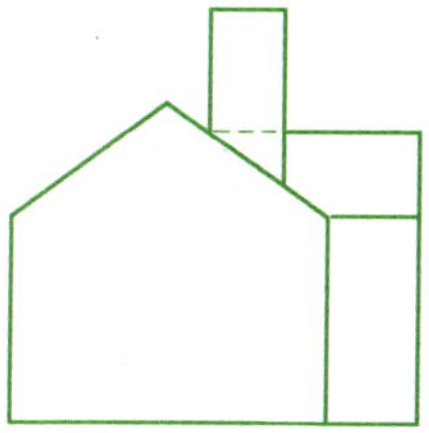

班级:　　　　学号:　　　　姓名:

(17)

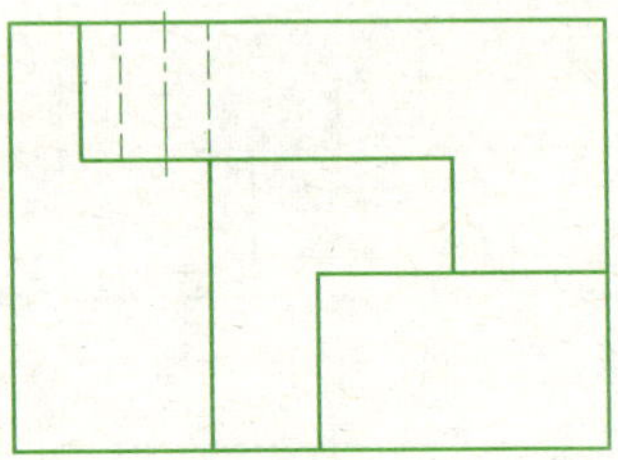

(18)

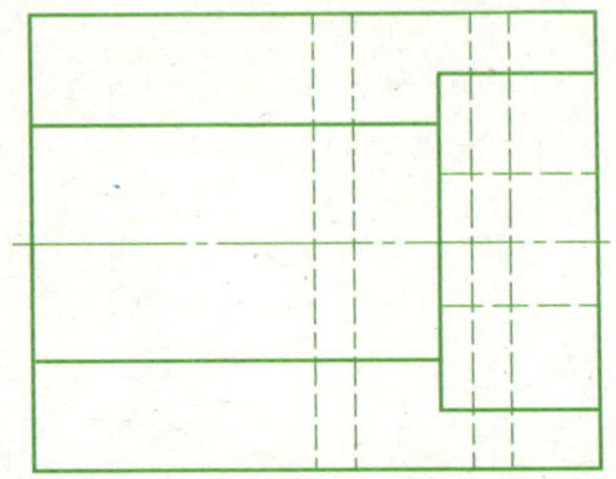

(19)

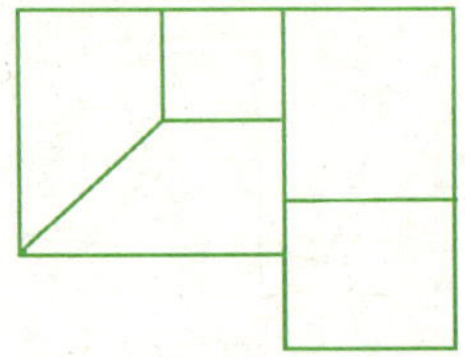

(20)

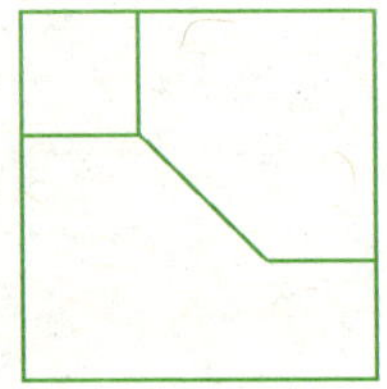

(21)

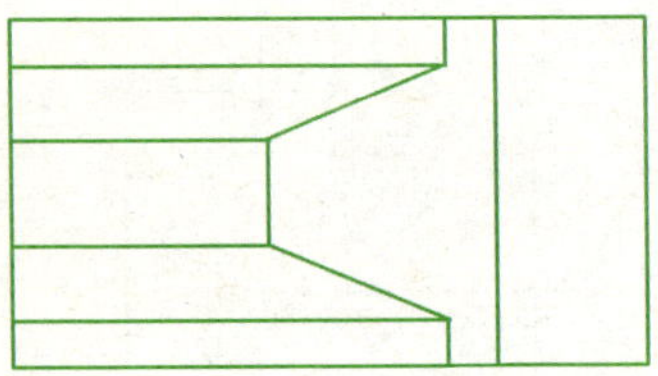

(22)

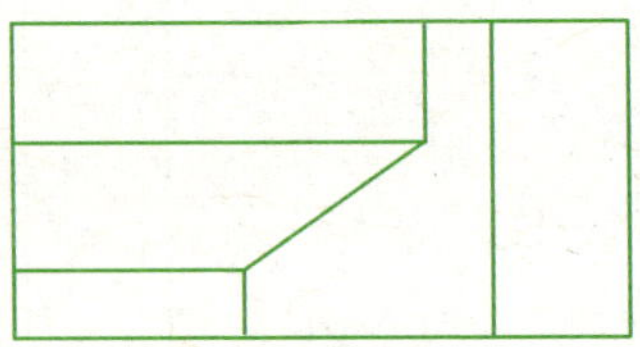

(23)

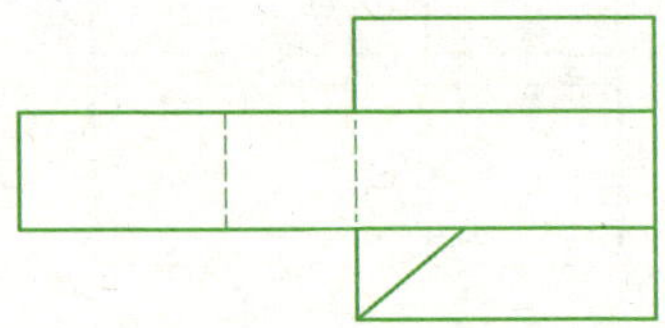

(24)

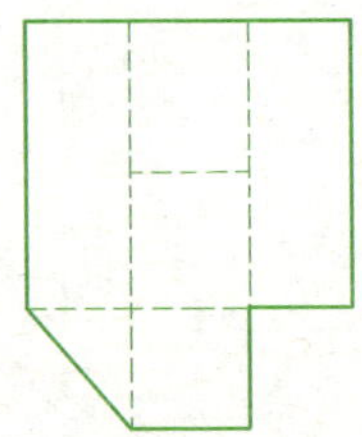

班级：　　　　学号：　　　　姓名：

6-6

(1)

答案一

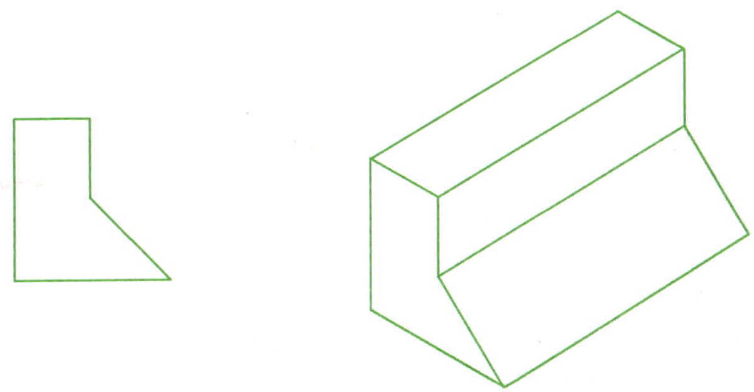

答案二

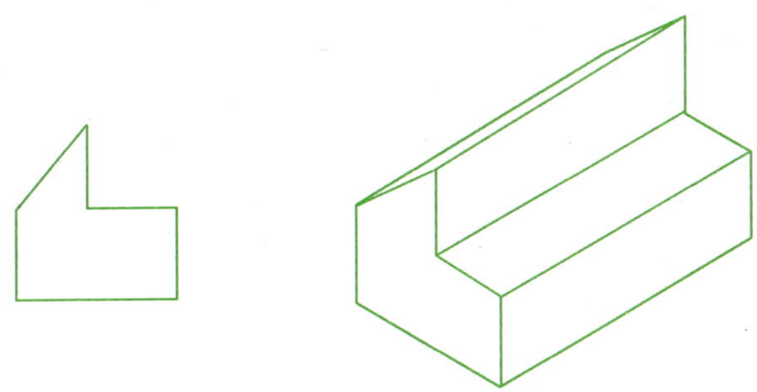

(2)

答案一

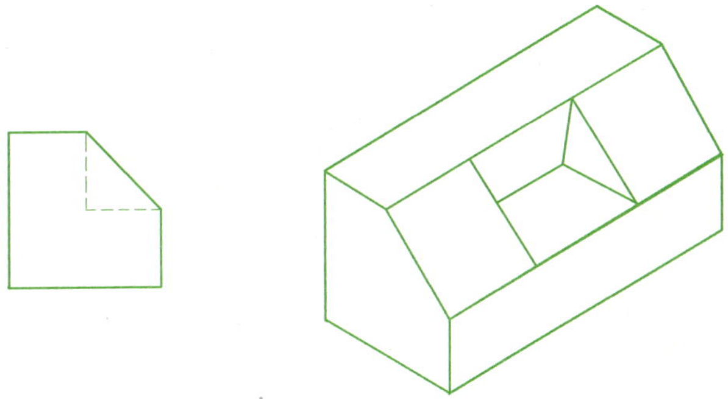

答案二

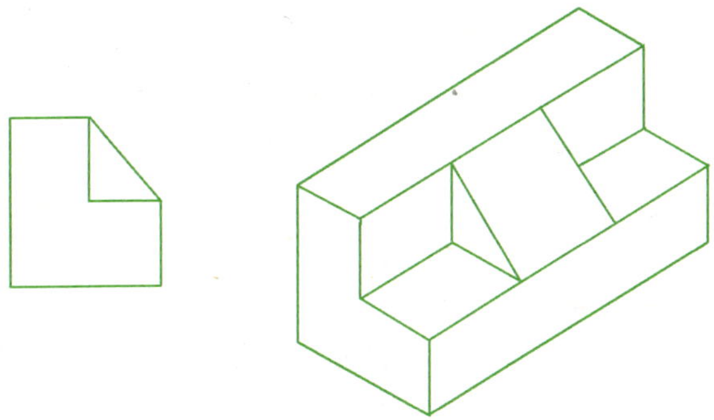

7-1

1.

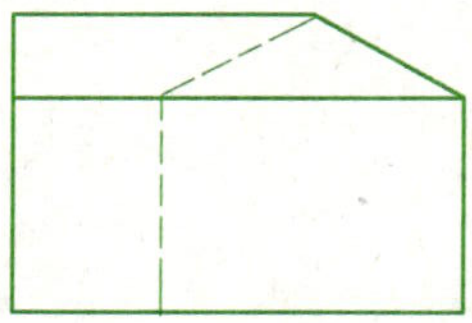

右侧立面图

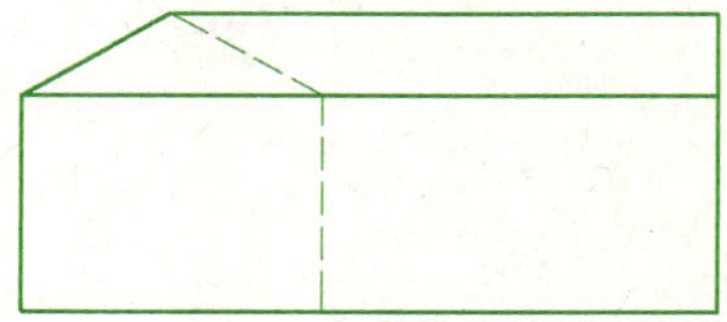

背立面图

2.

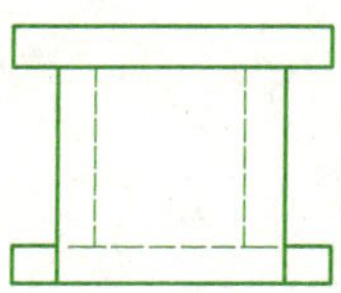

右侧立面图

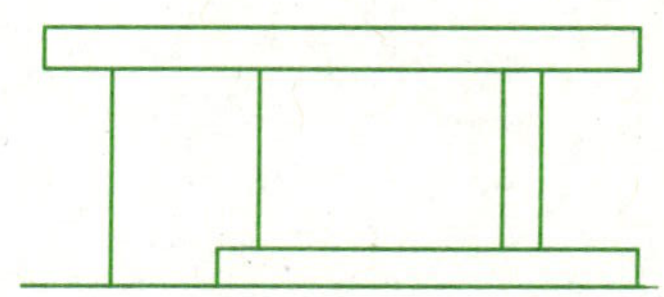

背立面图

3.

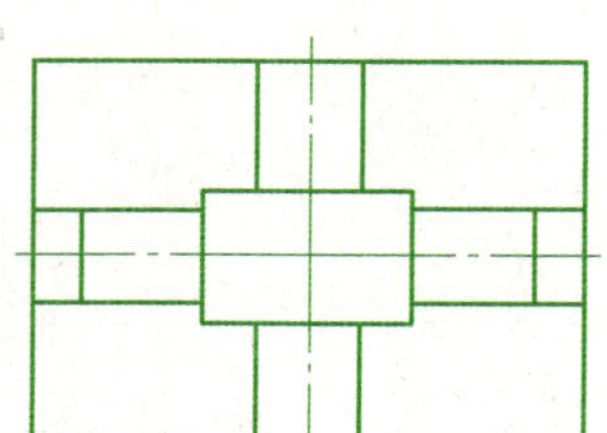

平面图（镜像）

7-2

1.

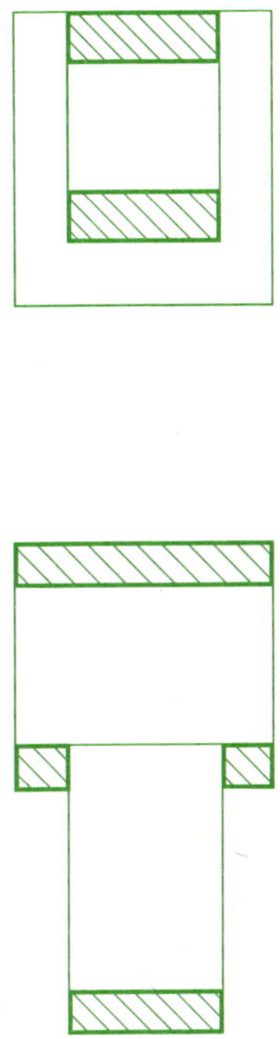

2.

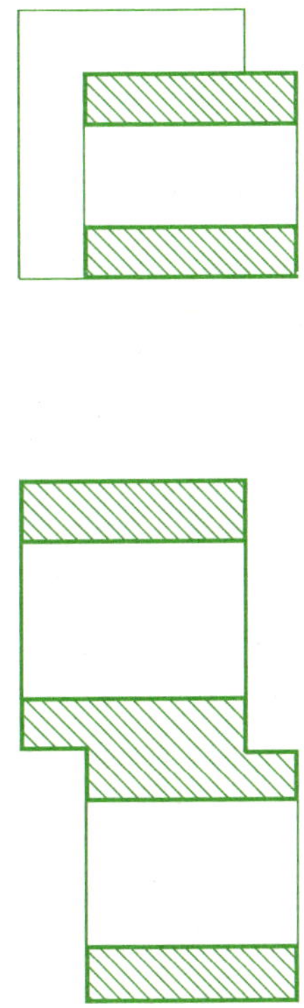

3.

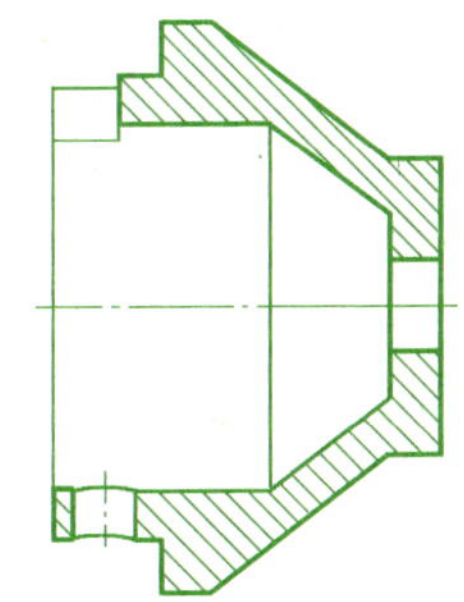

4.

1—1剖面图

5.

3—3剖面图

2—2剖面图

7-3

1.

1-1

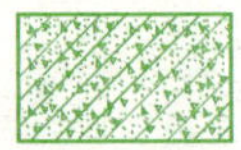

2-2

3-3

2.

3-3

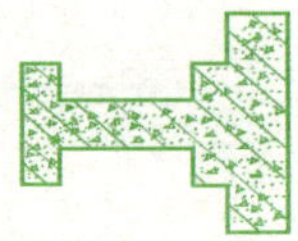

2-2

1-1